ulmer

Christine Schneider | Rudi Beiser | Maurice Gliem

WILD- UND HEILKRÄUTER, BEEREN UND PILZE FINDEN

Der Blitzkurs für Einsteiger

Mit Illustrationen
von Daniel Stieglitz

VIER **BLITZKURSE**

REIN IN DEN **WILDKRÄUTERGENUSS** 4

AUF ZUM **HEILKRÄUTER SAMMELN** 118

IN EINEM BUCH

ERNTEZEIT FÜR **BEEREN 240**

UND JETZT AB IN DIE **PILZE 326**

NOCH FRAGEN? 442

Rein in den Wildkräutergenuss

Man muss sie einfach lieben

Es ist völlig unverständlich, dass das Wissen über das Sammeln und Zubereiten von wilden Kräutern so sehr in Vergessenheit geraten ist. Dabei haben sie – neben ihrem Geschmack – so viele gute Eigenschaften, die ihnen keiner nachmacht.

Guter Stoff

Während Kulturkräuter in erster Linie schön aussehen müssen und große Erträge bringen sollen, stellen sich Wildkräuter ganz anderen Herausforderungen. Keiner gießt sie, sticht lästige Konkurrenten aus oder schützt sie vor bedrohlichen Fressfeinden. Sie müssen sich schon selber helfen. Das gelingt ihnen auch, da eben niemand wichtige Inhaltsstoffe für das Überleben in der freien Wildbahn weggezüchtet hat. So kommt es, dass Wildpflanzen viel höhere Konzentrationen an Ballaststoffen, Vitaminen und Spurenelementen haben, die auch für uns Menschen gesundheitsfördernd sind.

Frisches für Faule

Gartenfrisch auf den Tisch – tja, wie oft können Sie das von Ihrer Mahlzeit behaupten? Bis gekauftes Gemüse vom Feld oder Gewächshaus auf Ihrem Teller landet, können leicht einige Tage vergehen. Wer sein Grünzeug selbst im Garten anbaut, ist da natürlich besser dran, allerdings ist das nichts für Vielbeschäftigte. Für

Noch ein Frischetipp

Frischer als die Luft im Supermarkt ist die unter freiem Himmel. Genießen Sie den vielen Sauerstoff und die herrlichen Farben beim „Gemüsebesorgen“ in der Natur … so sparen Sie sich teure Wellnessaktionen als Ausgleich.

Wildkräutersammeln kann schnell zur Leidenschaft werden.

Wildgemüse und -salate brauchen Sie die Wochen und Monate vor der Ernte keinen Finger krumm zu machen.

Bio to go

Sofern Sie nicht am Feld- oder Straßenrand sammeln und dabei ein bisschen auf Nachhaltigkeit achten, können Sie sich auf unbelastetes Essen freuen, das Sie mit reinem Gewissen genießen können. Für so ein gutes Gefühl ist kein Biobauer und kein Reformhaus, kein Ressourcenmanagement und kein fairer Handel nötig. Sie beziehen Ihre umwelt- und sozialverträgliche Biokost von bester Qualität einfach im Vorbeigehen.

Über Geschmack …

… lässt sich ja bekanntlich immer streiten, so auch bei wildem Grün. Doch schmecken soll es Ihnen natürlich, sonst nützen die vielen tollen Eigenschaften wenig. Damit die Wildkräuter Ihnen oder Ihren Gästen auch wirklich Genuss versprechen, hier ein paar Tipps.

Ausprobieren

Wildpflanzen sind den meisten Menschen geschmacklich unbekannt. Für den einen schmecken manche Pflanzen beim ersten Probieren erstaunlich gut, für den anderen eher seltsam, für den nächsten „irgendwie nach nichts“. Bei vielen Menschen entwickelt sich aber eine gewisse Vorliebe auch erst nach mehreren Versuchen.

Tasten Sie sich erst langsam heran, dann kann die Liebe wachsen.

Da hilft nur eins: langsames Herantasten in kleinen Schritten. Sammeln Sie also von einer Pflanze, deren Geschmack Sie noch nicht kennen, erst einmal wenig und probieren Sie nach und nach verschiedene Zubereitungsarten aus. So finden Sie garantiert Ihre wilde Leibspeise.

Blüten verwandeln jede Mahlzeit in eine Augenweide.

Kombinieren

Nur weil Wildpflanzen viele gute Eigenschaften haben, heißt das nicht, dass sie immer am besten pur zu genießen sind. Erstens kann so eine Ernte für die ganze Familie eine recht mühsame Geschichte werden und zweitens haben viele einen sehr intensiven Geschmack und sind solo nicht unbedingt ein kulinarischer Hochgenuss. Abgesehen davon können die Inhaltsstoffe mancher Kräuter in solch geballter Form auch Schaden anrichten.
Praktischer und meist viel leckerer ist es daher, die selbst gesammelten Kräuter mit Gekauftem zu kombinieren. Wenn Sie eine Pflanze dann erst einmal liebgewonnen haben, lässt sich ja die Dosis immer noch erhöhen.

Verzieren mit Blüten

Das Auge isst mit, also nutzen Sie die Gelegenheit und garnieren Sie ihre Gerichte mit wilden Blüten. Meistens sind sie mild im Geschmack. Der angenehme Nebeneffekt: Ihr Gericht sieht richtig gut aus und wird mit Sicherheit Gesprächsthema.

Wann und wo suchen?

Sie sind immer da

Wildkräuter haben praktisch immer Saison. Das Frühjahr hat besonders viel zu bieten, erstaunlicherweise findet man aber auch so manches essbare Pflänzchen im Winter. Tageszeiten spielen nur eine untergeordnete Rolle. Es kann also sofort losgehen!

Das Wiesenschaumkraut ist ein Frühlingsbote.

Jedem Kraut seine Zeit

Im Frühjahr, Sommer und Herbst kann sich jeder frische Wildpflanzen vorstellen. Doch selbst im Winter bietet uns die Natur lebendige Nahrung.

Jede Pflanze hat dabei ihren eigenen Zeitplan, wann sie grünt, blüht, Früchte trägt und in welcher Form sie über den Winter kommt. Der Geschmack kann je nach Alter der Pflanze und Jahreszeit variieren.

Wann die beste Zeit zum Sammeln des jeweiligen Pflanzenteils ist, finden Sie bei den vorgestellten Arten (ab Seite 34) unter dem Stichwort Sammelzeit. Hier erst einmal ein kleiner Vorgeschmack, auf was Sie sich wann freuen können.

Wenn die Zeit rast

Sie haben die Bärlauchzeit um ein Haar verpasst? Suchen Sie einfach in höheren Lagen. In den Mittelgebirgen kehrt der Frühling etwas später ein, da gedeihen die Pflanzen um wenige Wochen zeitversetzt.

Frühling

Das Wildkräuterangebot im Frühling ist unübertroffen. Viele besonders beliebte Pflänzchen sind jetzt am besten zu sammeln: Bärlauch, Giersch, Knoblauchsrauke und viele mehr haben im Frühling Hochsaison.

Sommer

Der Sommer fängt schon einmal gut an: mit der Holunderblüte, dem offiziellen botanischen Zeichen dafür, dass die wärmste Jahreszeit eingekehrt ist. Nun gedeihen aber auch die würzigen Kräuter wie Thymian und Wilder Majoran. Sie und viele weitere Pflanzen, die jetzt zu ernten sind, machen aus jeder Kräuterbutter fürs Grillfest etwas Besonderes.

Der Sommer lockt mit besonders aromatischen Kräutern wie dem Thymian.

Herbst

Im Herbst sind vor allem Wurzeln gut zu sammeln, weil diese jetzt die ganze Kraft aus Frühling und Sommer gespeichert haben. Wie wäre es mit einer wärmenden Suppe aus Pastinak? Für die Vorspeise finden sich noch immer viele Blätter und Blüten, die einen farbenfrohen Salat ergeben.

Winter

Gundermann steht sogar im Winter bereit.

Manche essbaren Pflanzen gibt es sogar im Winter. Achten Sie einmal darauf: Gänseblümchen zum Beispiel blühen das ganze Jahr, Gundermann und Taubnessel sind irgendwie immer da. Theoretisch ist auch unter der Schneedecke einiges zu finden. Da diese aber die Pflanzen vor Kälte schützt und das Sammeln recht ungemütlich macht, ist es sinnvoll, auf die nächste schneefreie Phase zu warten. Im Allgemeinen sind die Kräutlein im Winter weniger zart.

Tageszeit und Wetter

Tatsächlich schmecken Wildpflanzen je nach Tageszeit und Wetter leicht unterschiedlich. Probieren Sie es aus: Die Knoblauchsrauke zum Beispiel ist am Mittag in der prallen Sonne viel aromatischer als bei feuchtem Wetter oder am Morgen.

Trotzdem brauchen Sie die Sammelei auch nicht zu kompliziert machen. Beherzigen Sie einfach die folgenden Grundregeln und ziehen Sie los, wenn Sie Zeit und Muße haben.

- Die meisten Kräuter sind in den **Vormittagsstunden** am besten: Nicht mehr feucht, schön knackig und reich an Vitalstoffen.
- Pflanzenteile, die **getrocknet** werden sollen, sammeln Sie am besten so trocken wie möglich: Der Tau sollte verdunstet sein und im Idealfall die Sonne kräftig scheinen.

- **Nasse** Pflanzen sind nur kurze Zeit haltbar. Daher empfiehlt es sich, sie gleich zu verarbeiten.
- Viele essbare **Blüten** sind erst nach einigen Stunden Tageslicht gänzlich geöffnet und entfalten dann ihr volles Aroma.

Nach wenigen Sonnenstunden sind die meisten Blüten voll geöffnet.

Warum in die Ferne schweifen ...

Das Wildkräuterfinden kann so einfach sein. Die meisten der gesunden Leckereien finden Sie direkt in Ihrem Vorgarten – zumindest, solange der Rasen nicht allzu „englisch“ ist. Andere essbare Pflanzen leben in wilderer Umgebung.

Vorlieben und Notwendigkeiten

Jedes Lebewesen stellt andere Ansprüche an seine Umgebung. Bei den Pflanzen ist das wie bei den Menschen: Manche sind nur an bestimmten Orten vital und glücklich, andere sind die reinsten – und so nennen das auch die Botaniker – Kosmopoliten.

Glücklich ist der, dessen Rasen nicht an eine Monokultur erinnert.

Damit nun auch Sie durch Wildkräuter aus Ihrer direkten Umgebung vital und glücklich werden, stellt dieses Buch nur Pflanzen vor, die sich in Mitteleuropa an vielen Orten wohlfühlen. „An vielen Orten" ist natürlich relativ: Waldmeister und Bärlauch zum Beispiel bevorzugen ganz klar schattige und feuchte Plätze, während der Wilde Thymian die pralle Sonne braucht. Die ausgewählten Pflänzchen sind also nicht überall, aber wahrscheinlich nicht weit weg.

Direkt vor der Tür

Die meisten dieser häufigen essbaren Wildpflanzen, bei denen obendrein die Verwechslungsgefahr gering ist, finden Sie tatsächlich in Ihrem Vorgarten oder auf der nächstbesten Wiese. Gänseblümchen, Löwenzahn, Giersch und Gundermann etwa besiedeln jedes nicht übermäßig gepflegte Eckchen.
Deshalb: Sparen Sie sich die Arbeit, jeden Quadratzentimeter Ihres Grundstücks von vermeintlichem „Unkraut" zu befreien. Sehen Sie es sich lieber einmal genauer an und prüfen Sie mit einem Buch wie diesem, ob es essbar ist. Und dann ernten und genießen Sie es einfach, wenn die Zeit gekommen ist.

Kräuter in der Stadt

Erstaunlicherweise gibt es gerade in Städten gute Sammelplätze. Brach liegende Flächen, Parks und Gärten sind häufig weder gedüngt noch gespritzt. Mit etwas Abstand zur Straße sind sie der optimale Ort für eine vielfältige Flora.

Wo lieber nicht?

Es ist wie es ist: Wir sind nun einmal nicht alleine auf dieser Welt. Da gibt es zum Beispiel Wildbienen und Schmetterlinge, Autos, Traktoren und Hunde … An die sollten Sie kurz denken, wenn es in der Pflückhand kribbelt.

Auch Schmetterlinge wollen vom süßen Klee naschen.

Respekt!

Bunte Blumenwiesen mit unzähligen feinen Wildkräutern so weit das Auge reicht – wo gibt es so etwas heute noch? Leider sind sie ziemlich selten geworden, vor allem, weil unsere Wiesen häufig überdüngt sind. So eine Überdosis an Nährstoffen vertragen eben nur wenige Kräuter. Das Ergebnis: Die Vielfalt an Pflanzen und folglich auch an Tieren nimmt deutlich ab, die Wiese wirkt eher monoton. Für unsere Natur sind die wenigen prächtig bunten Flecken besonders wertvoll und werden daher häufig unter Naturschutz gestellt. Da wäre es doch schade (und ganz nebenbei auch strafbar), wenn wegen ein paar Allerweltskräutern ein Stück der schönen Natur zertrampelt würde oder jemand den Wildbienen und Schmetterlingen die Nahrung wegnimmt. **Naturschutzgebiete** sind für den Kräutersammler also schlicht tabu.

Ungesund

Vor allem **neben Straßen**, **Äckern** und **gedüngten Wiesen** ist das Sammeln nicht ratsam. Dort sind zu viele Abgase oder Spritzmittel in der Luft, die Sie beim Genuss Ihres Wildgemüses mitschlucken würden. Halten Sie lieber Ausschau nach einem wirtlicheren Plätzchen ohne Autolärm und Gülleduft.

Schmeckt nicht

Auf den Spazierrouten der frischluftbedürftigen Bevölkerung Wildkräuter zu sammeln ist so eine Sache. Denn auf diesen gut frequentierten **Gassistrecken** haben ja so einige Hunde ihre Spur hinterlassen. Und wenn Sie sich jetzt vorstellen, dass Sie dort Ihr Abendessen sammeln, wo vorher ... nein, lieber nicht. Suchen Sie einfach entlang ruhigeren Wegen oder pflücken Sie eben nur, was eindeutig über „Pinkelhöhe" liegt. So vermeiden Sie auch eine Fuchsbandwurminfektion durch größere Hunde-Hinterlassenschaften.

Achtung: Hier könnte gespritzt und gedüngt worden sein.

Richtig bestimmt und gesammelt

Sicherheit geht vor

Bei allen Verlockungen der schönen Natur und der Vorfreude auf den Genuss – Ihre Gesundheit muss immer an oberster Stelle stehen! Beherzigen Sie daher bitte die folgenden Ratschläge und Sie können durch Wildpflanzen praktisch nur gesünder werden.

Gift-Grün

Das A und O beim Kräutersammeln ist es, die giftigen von den essbaren unterscheiden zu können – diese Fähigkeit kann immerhin über Leben und Tod entscheiden! Aber keine Angst, nur wenige Schritte sind zu verinnerlichen, damit Sie unversehrt bleiben:

1. Setzen Sie sich mit diesem Buch an ein gemütliches Plätzchen und lesen Sie alle Hinweise zum Bestimmen und Sammeln aufmerksam durch.
2. Suchen Sie nur in Gebieten, die weder gespritzt noch abgasbelastet sein können.
3. Vergleichen Sie alle Merkmale im Text und die Fotos mit Ihrem Fundstück und prüfen Sie, ob auch wirklich alles zueinander passt. Ist es auch sicher nicht der giftige Doppelgänger?
4. Wenn Sie sich nicht ganz und gar sicher sind, dass die Pflanze essbar ist, lassen Sie sie lieber stehen. Es gibt keinen Grund, ein Risiko einzugehen.
5. Ist die Pflanze zweifelsfrei bestimmt, haben Sie den ersten Schritt geschafft. Jetzt müssen Sie nur noch wissen, ob die Kräuter roh und in jeglichen Mengen unschädlich sind. Je nachdem kann dann gesammelt und genascht werden.

Zeckenalarm

Sie sind meistens eher lästig als gefährlich, doch in Sachen Zecken sollten Sie nichts riskieren, denn sie können üble Krankheiten übertragen. Immerhin gibt es gegen FSME einen Impfstoff, gegen Borreliose leider nicht. Also heißt es vorbeugen: Wenn möglich nur mit langen Klamotten durchs Gras streifen und nach dem Ausflug den ganzen Körper von Kopf bis Fuß nach unbekannten dunklen Punkten absuchen.

Genaues Hinschauen und Lesen bringt's. Bärlauch? Maiglöckchen?

Fuchsbandwurm

Leider haben sich in den letzten Jahrzehnten schaurige Geschichten um den Fuchsbandwurm in unser Gedächtnis geprägt. Sicher, eine Fuchsbandwurminfektion ist gefährlich und jeder muss letztendlich selbst entscheiden, wie er mit der Gefahr einer Ansteckung umgeht. Die Tatsachen sprechen aber dafür, die Angst vor einer Ansteckung über Wildpflanzen endlich abzulegen:

- Fuchsbandwurm-Infektionen sind extrem selten. Es gibt in Deutschland nicht mehr als **30 Fälle pro Jahr**.
- Experten haben **keinen Zusammenhang** zwischen den Infektionen und erhöhtem Wildpflanzen- oder Pilzkonsum gefunden. Dagegen warnen sie vor der Ansteckungsgefahr durch Hunde und Katzen.
- Füchse sind heute überall häufig, auch in unseren Städten. Wer also den Fuchsbandwurm fürchtet, dürfte auch kein **rohes Obst und Gemüse aus dem Garten und vom Feld** verzehren.

Bestimmen Schritt für Schritt

Die wichtigsten essbaren Wildkräuter von den giftigen unterscheiden kann nicht jeder – aber jeder kann es lernen. Halten Sie sich einfach ganz genau an die folgende Anleitung, dann kann nichts mehr schief gehen – versprochen!

Als allererstes: Das Verdachtsmoment

Ohne Verdacht keine Beweisführung – aber wie können Sie Verdacht schöpfen?
Möglichkeit 1: Sie vergleichen Blütenfarbe und Blattform mit den Fotos im Buch und landen schließlich bei einem Foto, das auf den ersten Blick große Ähnlichkeit mit Ihrem Fundstück hat.
Möglichkeit 2: Ihnen kommt die Pflanze irgendwie bekannt vor und Sie schlagen im Buch das entsprechende Porträt direkt auf.

Zweitens: Der grobe Überblick

Aus ein/zwei Schritten Distanz erkennen Sie schon wesentliche Merkmale, die Sie mit dem Foto und den Texten abgleichen können:
Welche **ungefähre Form** hat die Pflanze? **Wie groß** ist sie? Steht sie **aufrecht oder kriecht** sie eher am Boden? In welchem **Lebensraum** steht das Pflänzchen: Am Wald oder auf der Wiese?

Drittens: Genauer betrachtet

Von Nahem überprüfen Sie den Rest der im Porträt aufgeführten Kennzeichen.

Noch viel wichtiger als die **Farbe, Größe und Form der Blüten** sind die **Merkmale der Blätter**: Ob immer zwei **gegenüber stehen** oder sie **abwechselnd** am Stiel sitzen, ob sie einen **Blattstiel** haben, wie der **Blattrand** und die **Oberfläche** aussehen und natürlich welche **Form und Größe** sie haben, ist häufig absolut entscheidend. Bei essbaren Wildpflanzen ist oft auch der **Geruch** ein wesentliches Kennzeichen.

In manchen Fällen, wie beim Bärlauch, ist die Blüte zur Erntezeit noch gar nicht ausgebildet. Umso pedantischer müssen Sie dann die Kennzeichen der anderen Pflanzenteile überprüfen.

Gleichen Sie **alle Kennzeichen** (inklusive Standort und Verwechslungsarten) mit **allen Bildern** und **allen Texten** im Porträt ab. Nur wenn Sie ganz sicher sind, darf gepflückt werden.

Ein Gierschblatt ist in mehrere Fiedern unterteilt.

Ganz vorsichtig

Bauen Sie, gerade bei Ihren ersten Bestimmungsversuchen, folgende Sicherheitsstufen ein:

- Beurteilen Sie jedes einzelne Blatt, das Sie später essen wollen. Zwischen viel Bärlauch können sich Maiglöckchen durchaus wohlfühlen.
- Wenn die Blüte noch nicht da ist: Warten, Blütenmerkmale abgleichen und erst dann beziehungsweise erst im nächsten Jahr sammeln.
- Irren ist menschlich: Bestimmen Sie daher lieber nicht alleine, sondern prüfen Sie, ob eine zweite Person zum gleichen Ergebnis kommen würde (4-Augen-Prinzip).
- Damit Sie Ihre Gesundheit nicht negativ beeinträchtigen: Beachten Sie die Sicherheitshinweise auf den Seiten 22/23 (Sicherheit geht vor) und 26 bis 29 (Giftpflanzen).
- Wenn Sie sich nicht zu hundert Prozent sicher sind, lassen Sie die Pflanze einfach stehen.

Achtung, giftig!

Schon vor Jahrtausenden wurde mit giftigem Grünzeug gemordet und betäubt – das ist heute ganz und gar außer Mode und nicht der Sinn und Zweck des Kräutersammelns. Hier finden Sie die wichtigsten Giftpflanzen, von denen Sie besser die Finger lassen.

Maiglöckchen

- Blätter oft weißlich bereift und derber als Bärlauch (beim Zerreißen faserig), siehe auch Seite 23
- Blätter überragen die Blüten und Früchte
- Geruch unauffällig

Herbstzeitlose

- steht meistens auf Wiesen
- Blätter haben keinen Stiel, sind fleischig und riechen unauffällig
- am Grund der Blätter sitzen fleischige Früchte

Schierling

- Stängel hell bereift und unten violett gefleckt
- einzelne Blüten alle weiß, stehen in Schirmchen zusammen
- wird bis über 2 m hoch

Riesenbärenklau

- bis zu 5 m hohe Pflanze
- die mächtigen Blätter sind tief eingeschlitzt
- hat sehr große weiße Blütendolden

Ambrosie

- Blätter sind auf der Ober- und Unterseite grün
- Blätter sind ziemlich symmetrisch eingeschlitzt
- Blütenköpfchen stehen sehr dicht aneinander

Wolfsmilch

- verschiedene Arten mit unterschiedlichem Aussehen
- alle haben innen einen weißen Milchsaft (Blättchen abzupfen)
- die Blüten sind meist gelb-grün und haben eine ungewöhnliche Form

Schwalbenwurz

- cremefarbene oder bräunliche Blüten
- immer 2 Blätter sitzen sich am Stängel gegenüber
- die Blätter haben keinen Stiel

Eisenhut

- die Blüten erinnern an einen Helm
- Blütenfarbe meistens violett, manchmal auch heller bis hellgelb
- Blätter tief eingeschlitzt

Salomonssiegel, Weißwurz

- Blüten sind glockenförmig und weiß mit grünen Spitzen
- sie sitzen entlang des Stängels, direkt bei den Blättern
- entwickelt rote Beeren

Aronstab

- Blätter sind pfeilförmig
- die Blüte erscheint als Kolben
- entwickelt grüne Früchte, die dann rot werden

Buschwindröschen

- zierliche Waldpflanze
- weiße Blüten mit sehr vielen gelben Staubblättern
- die Blätter sind fein geschlitzt

Hahnenfuß, „Butterblume“

- viele ähnliche Arten
- kräftig gelbe Blüten mit vielen gelben Staubblättern
- Blätter meistens fein zergliedert

Lerchensporn

- längliche, rötlich violette oder weiße Blüten
- Blüten sind traubenförmig am Ende des Stiels angeordnet
- Blätter deutlich unterteilt

Greiskraut

- goldgelbe Blütensonnen oben am Stiel
- Blätter sind relativ fest
- Blätter deutlich unterteilt

Vorsicht

Einige von den Giftpflanzen muss man gar nicht schlucken, um sich zu gefährden. Ambrosie und Riesenbärenklau zum Beispiel können schon bei Berührung Schaden anrichten (heftige Reaktion der Haut oder der Atemwege). Es gibt natürlich noch viel, viel mehr giftige Pflanzen – hier sind die gefährlichsten und häufigsten gezeigt.

Kräuter richtig sammeln

Hier und da etwas Essbares pflücken können Sie natürlich immer. Bei größeren Erntevorhaben bieten sich aber gewisse Hilfsmittel und Vorgehensweisen an, damit Sie rasch vorankommen und das Sammelgut so frisch wie möglich bleibt.

Ausrüstung

Je nach Vorhaben sind verschiedene **Behälter** zum Sammeln praktisch:

- Sind die Pflanzen nicht ganz sauber oder sollen sie getrocknet werden, ist ein luftiger Korb genau das Richtige.
- Sollen die Pflanzen länger so frisch wie möglich bleiben, bietet sich eine Plastiktüte oder ein Eimerchen

Mit der richtigen Ausrüstung füllt sich der Korb im Handumdrehen.

an, die für längeres Aufbewahren noch ein kühles, feuchtes Tuch beinhalten können. Schwitzen sollten sie aber nicht.
- Für die kleine Ernte tut's auch die hohle Hand.

Damit nichts kratzt oder brennt, helfen Handschuhe.

Vor Ort müssen Sie immer sicher gehen, dass keine giftigen Kräuter in Ihrem Korb landen. Wer also die essbaren von den giftigen Kräutern nicht todsicher unterscheiden kann und gleichzeitig nicht nur Gänseblümchen sammeln will, sollte das passende **Buch** immer dabei haben. Apps können ebenfalls helfen, aber keine Sicherheit geben. Alternativ können Sie natürlich auch jemanden mitnehmen, der sich auskennt.
Zum Ernten von Brennnesseln, Kräutern in Brennnesselnähe oder zwischen stachligem Gestrüpp leisten **Handschuhe** gute Dienste, bei Wurzeln eine schmale **Schaufel** oder kleine Grabegabel.

Das Überleben sichern

Neben Ihrem eigenen Leben sollte Ihnen auch das der Pflanzen teuer sein. Sie wollen ja schließlich nicht Ihre eigene Nahrung ausrotten. Abgesehen davon hängen viele andere Lebewesen ebenfalls von einem gesunden Wildkräuterbestand ab. Daher ist es sinnvoll, sich beim Pflücken etwas vorwärts zu bewegen und nie mehr als ein Drittel des Bestandes abzuernten.
Ausnahme: Mit einer massenhaften Ernte von Japanischem Knöterich, Indischem Springkraut und Franzosenkraut unterstützen Sie die heimische Natur. Diese fremden Arten breiten sich bei uns in unerwünschtem Maß aus und verdrängen heimische Pflanzen.

Löwenzahn
Gänse-
blümchen

Das Who-is-who der Besten

Bärlauch

Sammelzeit: Die jungen Blätter vor der Blüte von Februar bis April, von März bis Juni die Knospen, Blüten und grünen Samen.

Lieblingsort: Feuchte, schattige Plätze im Wald oder am Waldrand.

Kennzeichen: **Blätter** riechen unverwechselbar nach Lauch, fühlen sich wachsig-ledrig an, glänzen, haben einen deutlichen Stiel und keine netzartigen Blattadern. **Knospen** sitzen auf einem zunächst kurzen, später die Blätter überragenden Stiel. **Blüht** weiß in einer aus sternförmigen Einzelblüten zusammengesetzten Kugel oder Halbkugel.

Aufgepasst! Es gibt 3 giftige Doppelgänger (Fotos ab Seite 26): Das **Maiglöckchen** hat hell bereifte Blätter, die meist zu zweien am Stiel sitzen. Auf den Blättern des **Aronstabs** sind die netzartigen Adern zu erkennen, die ausgewachsenen Blätter sind pfeilförmig. Die **Herbstzeitlose** verrät sich durch den walnussgroßen Fruchtstand, der sich am Grund ihrer Blätter, die keinen Stiel haben, versteckt. Alle 3 riechen nicht lauchartig. Die Riechprobe ist also immer wichtig. Allerdings kann man sich bei einem Maiglöckchen im Bärlauchbestand vor lauter umgebenden Knoblauchduft auch täuschen.

Blütenknospen

Schmeckt … wie Knoblauch, nur feiner. Eignet sich für Suppen, Soßen, als Pesto, zu Pasta, Salat, als Gewürz roh und gekocht.

Blitz-Rezept

Osterbutter

- 50 g Bärlauchblätter und/oder -knospen
- 125 g weiche Butter
- grobes Salz

Blätter fein hacken und mit Butter und Salz vermengen. Wer es frisch mag, kann noch gehackte Zitronenmelisse untermischen. Nach Belieben mit Blüten verzieren.

Extra Tipp

Die Blätter des Bärlauchs werden ab der Blütezeit nicht giftig, sie schmecken nur nicht mehr so frisch und sind etwas zäher. Probieren Sie dann unbedingt die anderen (jetzt unverwechselbaren) Pflanzenteile. Sie sind genauso lecker wie die Blätter.

Sauerklee Wald-Sauerklee

Sammelzeit: Sauerklee ist praktisch das ganze Jahr zu sammeln. Im Frühjahr sind die Blätter am zartesten, die Blüten finden Sie im April und Mai.

Lieblingsort: An feuchten Stellen im Wald, gerne an Baumstümpfen oder herumliegendem Altholz.

Kennzeichen: Das **Pflänzchen** wird höchstens 12 cm hoch und kommt oft in kleinen Teppichen vor. **Blätter** mit 3 herzförmigen Fiedern (ähnlich Kleeblättern), einzeln aufsteigend, leicht behaart, falten sich bei viel Licht zusammen. **Blüten** weiß mit strahlenförmigen rosa Äderchen.

Aufgepasst! Wie der Sauerampfer enthält Sauerklee Oxalsäure (Seite 93). Also: Bitte nicht in rauen Mengen essen.

Blüte

Schmeckt … Die hübschen Blätter und Blüten zieren jeden Aufstrich, Quark oder (Obst-)Salat und geben dem Ganzen eine herrlich frisch-säuerliche Note.

Blitz-Rezept

Süßer Waldsee

- ½ Päckchen Vanillepudding
- etwa 500 ml Milch
- etwa 3 EL Rohrzucker
- 1 Handvoll Sauerkleeblätter und -blüten

Pudding mit doppelter Milchmenge und dem Zucker nach Herstellerangaben zubereiten, erkalten lassen und auf Schälchen aufteilen. Den Sauerklee wie Seerosen auf der Oberfläche schwimmen lassen.

Extra Tipp

Damit Sie Ihren Gästen Schlaues erzählen können: Der Sauerklee ist gar keine Klee-Art, also nicht mit den Wiesenklee-Arten verwandt. Er wird nur so genannt, weil er eben kleeähnlich aussieht.

Giersch Geißfuß

Sammelzeit: Die jungen, noch gefalteten und glänzenden Blätter finden sich das ganze Jahr. Hauptsaison ist der Frühling.

Lieblingsort: In schattigen und feuchten Gartenecken, an Weg- und Waldrändern.

Kennzeichen: **Blätter** kommen auf einem langen Blattstiel einzeln aus dem Boden, erst glänzend grün und gefaltet, später matt hellgrün. Ein ausgewachsenes Blatt hat im Ganzen grob eine dreieckige Form, ist aber in 3 Fiedern unterteilt. Letztere sind nochmals in 2 oder 3 Teile mit einem gezackten Rand untergliedert. **Riechen** stark aromatisch (reiben Sie an den Blättern!). **Ausgewachsene Pflanze** wird bis zu 80 cm hoch und blüht in weißen Dolden.

Aufgepasst! Es gibt sehr viele ähnliche Pflanzen mit fast identischen Blüten und ähnlichen Blättern. Nur Gierschblätter haben aber bei genauerem Hinsehen die charakteristische Form und Farbe. Der Geruchstest bringt letzte Sicherheit.

Junges, noch glänzendes Blatt

Schmeckt … kräftig, ein bisschen wie Petersilie. Als Gemüse, als Gewürz und in Suppen, passt auch roh in Salate.

Blitz-Rezept

Unkrautkuchen

- 4 Eier
- 50 g Gierschblätter
- 2 EL Joghurt
- Salz und Pfeffer
- 40 g geriebener Käse

Eier, Joghurt, Salz und Pfeffer in einem hohen Gefäß verquirlen und fein gehackten Giersch zugeben. Das Ganze in eine gefettete Tarteform geben und mit Käse bestreuen. Bei 180 °C etwa 15 Minuten backen.

Extra Tipp

Giersch gilt als Unkraut und hat dabei eine Wahnsinns-Vitalität. Einmal im Garten, bekommt man ihn praktisch nicht mehr los. Da hilft nur eins: Ernten, was das Zeug hält.

Knoblauchsrauke Knoblauchskraut

Sammelzeit: Blätter und Triebspitzen am besten von April bis Juni, vor allem die runden Grundblätter sind aber schon früher im Jahr zu finden. Auch die würzigen Blüten sind essbar.

Lieblingsort: An eher feuchteren Stellen im Garten, an Weg- und Waldrändern.

Kennzeichen: **Blätter** oben am Stängel spitzig mit gezacktem Rand, die am Boden sind rund und haben einen gekerbten Rand. **Riechen** mild-würzig nach Knoblauch mit Kresse. Mehrere kleine **Blüten** mit 4 weißen Blütenblättern sitzen oben am Stängel.

Grundblätter

Aufgepasst! Die unteren Blätter sind, wenn sie noch klein sind, mit dem ebenfalls essbaren **Gundermann** (Seite 82) zu verwechseln. Der Geruch ist dann aber ein eindeutiges Indiz.

Schmeckt … dezent würzig nach Knoblauch mit leichter Kressenote. Da die Geschmackstoffe leicht flüchtig sind, verlieren sie sich beim Kochen schnell. Daher am besten roh in Salaten und Dips verwenden.

Blitz-Rezept

Raukenquark

- 50 g Knoblauchsraukenblätter
- 10 große Rucolablätter
- 125 g Sahnequark
- 1 EL Kräuteressig
- Salz, Pfeffer

Knoblauchsrauke und Rucola fein schneiden, mit Quark und Essig verrühren. Mit Salz und Pfeffer abschmecken.

Extra Tipp

Am intensivsten schmeckt die Knoblauchsrauke, wenn die Sonne sie einige Stunden verwöhnt hat. Auch der Geruch ist dann kräftiger.

Hirtentäschel Hirtentäschelkraut

Sammelzeit: Der obere Sprossteil mit Blüten und den noch grünen Samen findet sich praktisch das ganze Jahr.

Lieblingsort: An Wiesen-, Weg- und Feldrändern.

Kennzeichen: Die **Pflanze** wird meist maximal 35 cm hoch, ist oft aber wesentlich kleiner. **Samen** stehen rund um den Stängel an langen Stielen ab und sind herzförmig. **Blätter** bilden am Boden eine Rosette, sind am Stängel länglich, ohne Blattstiel und mit 2 Zipfeln, die am Stängel vorbeiragen. Blüten weiß, mit 4 kleinen Blütenblättern.

Aufgepasst! Das Hirtentäschel ist dank seiner herzförmigen Samen nicht zu verwechseln. Bitte beachten Sie aber, dass Feldränder häufig „mitgespritzt" sind.

Schmeckt … leicht würzig nach Kresse oder Kohl. Verwenden Sie es nur frisch, zum Beispiel in Salaten, als Garnitur zu Kartoffeln, auf Soßen oder Dips.

Ganze Pflanze

Blitz-Rezept

Hirtenschiffchen

- 4 halbierte und noch heiße Kartoffeln
- 8 TL Hüttenkäse
- 8 schwarze Oliven
- schwarzer Pfeffer
- 8 obere Sprossteile des Hirtentäschels

Die Kartoffelhälften mit je 1 TL Hüttenkäse bestreichen, klein geschnittene Oliven darauf verteilen und etwas pfeffern. Mit Hirtentäschelkraut garnieren – fertig.

Extra Tipp

Jetzt wird's romantisch: Mit den herzförmigen Samen lassen sich wunderbare Liebesbotschaften auf den Dip, das Butterbrot oder den Tellerrand schreiben. Dazu ein Wildblumenstrauß … ein paar Kerzen …

Waldmeister

Sammelzeit: Im April, bevor er blüht.

Lieblingsort: In feuchten Laubwäldern, oft in ganzen Teppichen.

Kennzeichen: **Blätter** stehen sternförmig in mehreren „Etagen“ um den Stängel, sind länglich und frisch grün. **Blüht** in kleinen weißen Blüten, die zusammen oben an der Sprossachse sitzen, im Mai und Juni. Die **Pflanze** wird bis zu 30 cm hoch.

Aufgepasst! Der Waldmeister hat einige ungiftige Verwandte, die auf den ersten Blick ähnlich aussehen. Sein Geruch und die Größe sind die auffälligsten Unterscheidungsmerkmale. Wichtig ist, dass man ihn nicht überdosiert (maximal 3 g getrocknete Blätter pro Liter), sonst kann er Kopfschmerzen verursachen.

Schmeckt … unvergleichlich süßlich nach Waldmeister. Dieses Aroma bekommt man aus ihm heraus, indem man die angewelkten oder getrockneten Blätter (vor der Blütezeit!) in Flüssigkeiten im weiteren Sinne gibt (zum Beispiel in Wein, Sekt, Tee, Milchcremes, Pudding), dann aber immer spätestens nach 15 Minuten wieder entfernt.

Blitz-Rezept

Maibowle

- 5–8 Stängel Waldmeister
- 1 Flasche trockener Sekt

Waldmeister zu einem Sträußchen binden und welken lassen (in der Sonne geht’s am schnellsten) bis die Blätter schlaff sind. Sekt öffnen und das schlaffe Sträußchen kopfüber für etwa 10 Minuten eintunken.

Alkoholfrei geht das Ganze auch mit Apfelschorle.

Extra Tipp

Immer mit Bedacht tunken: Zu viel Waldmeister verwenden kann schädlich sein (siehe linke Seite). Zu langes Eintunken ist auch nicht gut, denn dann könnten Bitterstoffe frei werden, die man gar nicht haben will.

Vogelmiere Sternmiere, Hühnerdarm

Sammelzeit: Die ganze Pflanze kann rund ums Jahr gesammelt werden. Am zartesten ist sie aber in den Frühjahrsmonaten.

Lieblingsort: Fast überall, aber eher an feuchten und schattigen Stellen, an Wegen, Feldrändern und in Gärten.

Kennzeichen: Zierliches **Kräutlein**, wird 5–40 cm groß und bildet oft dichte Polster. Die kleinen sternförmigen **Blüten** sind weiß und sitzen an einem Stiel, der zusammen mit einem Blatt am runden Stängel ansetzt. **Blätter** eiförmig mit einer Spitze, sitzen immer zu zweit gegenüber am Stängel.

Aufgepasst! Der schwach giftige **Acker-Gauchheil** sieht, wenn er nicht blüht, sehr ähnlich aus. Er hat allerdings einen kantigen Stängel und blüht auffällig hellrot.

Acker-Gauchheil

Schmeckt … nach kräftigem grünen Salat mit Maisnote. Am besten ist sie roh in Salaten oder zu jungem Gemüse (zum Beispiel Zuckermais), kann aber auch wie Spinat zubereitet werden.

Blitz-Rezept

Vogelnester

- 1 Handvoll Vogelmiere
- ½ Apfel
- grob gehackte Walnusskerne
- Weißer Balsamico, Sonnenblumenöl, Honig, Salz, Pfeffer, Curry

Vogelmiere zu zwei kleinen Kränzchen formen. Apfel in Stückchen schneiden, in die Mitte der Kränze geben, mit Nüssen bestreuen und den Rest der Zutaten als Vinaigrette verrühren und darüber gießen.

Extra Tipp

Die Vogelmiere lässt sich leicht züchten: einfach Samen in einen Blumenkasten geben und schon bald haben Sie sie immer griffbereit.

Feldsalat Rapunzel, Rapünzchen

Sammelzeit: Im März und April, dann wieder im Oktober werden Blätter und Stängel, von April bis Mai die Blüten gesammelt.

Lieblingsort: An sonnigen wintermilden Wegrändern, Mauern und in Weinbergen.

Kennzeichen: Ganzes **Pflänzchen** bis zu 15 cm hoch, sein Stängel ist gabelig verzweigt. Viele **Blätter** stehen am Boden in einer Rosette zusammen, am Stängel direkt an den Verzweigungen sitzen immer zwei gegenüber, sie sind annähernd zungenförmig. Die winzigen **Blüten** sind blassblau und stehen in kleinen Schirmchen zusammen.

Aufgepasst! Es gibt einige ähnliche, verwandte Arten, die aber alle ebenso essbar sind.

Schmeckt ... mild, aber kräftiger als der Kultur-Feldsalat und wird wie dieser, aber auch für Aufläufe, Soßen und Suppen verwendet.

Blitz-Rezept

Fruchtiger Feldsalat

- 2 Handvoll Feldsalatblätter
- 50 g Gorgonzola in Würfeln
- einige Erdbeeren
- Weinessig, Apfelsaft, Walnussöl, Salz, Pfeffer

Feldsalat waschen und mit Gorgonzola und in Scheiben geschnittenen Erdbeeren mischen. Die restlichen Zutaten zu einem Dressing rühren und den Salat damit anmachen. Wer es kräftiger mag, kann Walnusskerne und Sellerieblätter ergänzen.

Extra Tipp

In den Sommermonaten sind die Samen des Feldsalats reif. Auch sie können gesammelt werden und lassen sich in einem Topf mit feuchter Erde auf der Fensterbank gut anziehen, sodass Sie immer frisches Grün greifbar haben.

Holunderblüten Schwarzer Holunder, Holler

Sammelzeit: Die Blütenschirme werden von Mitte Mai bis in den Juli gesammelt, wenn die Einzelblütchen geöffnet sind.

Lieblingsort: Lichte Wälder, Waldränder, an Flüssen und in Gärten.

Kennzeichen: **Blüht** cremeweiß in hübschen, aromatisch duftenden Blütenschirmen aus vielen winzigen Einzelblüten. **Strauch** oder Baum bis zu 6 m hoch. **Blätter** in 5 Fiedern geteilt, mit leicht gezacktem Rand. **Früchte** schwarzviolett, etwa 5 mm groß, in hängenden Schirmen.

Aufgepasst! Der giftige **Zwerg-Holunder** wird nur 1,50 m hoch. Seine Blätter riechen unangenehm, die Blüten nach Bittermandel. Der **Rote Holunder** hat aufrechte Blütentrauben und blüht grünlich gelb.

Zwerg-Holunder

Roter Holunder

Schmeckt … besonders als Blütensirup, als Sekt angesetzt oder in Bierteig gebacken. Auch als Gelee und Essig ein sehr feiner Geschmack. Übrigens sind auch die Beeren gekocht essbar (Seite 294).

Blitz-Rezept

Hollerkücherl

- 80 g Mehl
- 1 Ei
- 175 ml Milch
- 1 Prise Salz
- 50 ml Bier
- etwa 12 Blütenschirme
- Öl zum Ausbacken

Mehl, Ei, Milch, Salz und Bier zu einem geschmeidigen Teig verrühren. Blüten darin untertauchen und in einer Pfanne in reichlich Öl ausbacken. Dazu Puderzucker und Apfelmus und vielleicht den „Rest“ Bier.

Extra Tipp

Lassen Sie die Blüten erst einige Zeit ausgebreitet liegen, dann haben die vielen kleinen Tierchen, die oft im Holunder wohnen, die Möglichkeit zu flüchten.

Japanischer Knöterich Japanischer Flügelknöterich

Sammelzeit: Die jungen Sprosse sind im März und April noch zart. Werden sie immer wieder abgeerntet, wachsen sie bis in den Herbst hinein nach.

Lieblingsort: Auf Wiesen, Brachen und an Wegrändern, gerne in der Nähe von Bächen und Flüssen.

Kennzeichen: Die **Sprosse** ähneln jung Grünem Spargel, sind rötlich gefleckt, haben häutige Ringe und ganz hellgrüne Blätter. Die **Blätter** sind dreieckig bis eiförmig, zugespitzt, am Blatt auf der Seite des Blattstiels deutlich gestutzt und werden höchstens 20 cm lang. **Ausgewachsen** wird die Pflanze 1–4 m hoch, wächst als dichtes Gebüsch und bildet Zweige in Zickzackform. Die winzigen **Blüten** sind weiß und hängen wie an Fäden zusammen.

Sachalin-Flügelknöterich

Aufgepasst! Beim ähnlichen **Sachalin-Flügelknöterich** sind die Blätter nicht gestutzt. Er kann genauso verwendet werden.

Schmeckt ... rhabarberartig und kann wie dieser zu Marmelade, Kompott, Kuchen oder Chutneys verarbeitet, aber auch roh als Erfrischung geknabbert werden.

Blitz-Rezept

Sprossmarmelade

- 1 kg Knöterichsprosse in feinen Ringen
- 500 g Gelierzucker 2:1
- 1 Päckchen Zitronensäure
- 1 TL Agar Agar

Knöterich mit Zucker und Zitronensäure in einem Topf etwa 30 Minuten durchziehen lassen. Dann das Agar Agar in den Saft rühren und das Ganze 4 Minuten aufkochen lassen, dabei den Schaum immer wieder abschöpfen. Noch heiß in saubere Gläser abfüllen.

Extra Tipp

Er kommt in Massen vor, ist wie das Indische Springkraut in der Natur unerwünscht (Seite 31), schmeckt lecker wie Rhabarber, enthält aber nicht dessen lästige Oxalsäure (Seite 93). Auf zum Knöterichsammeln!

Franzosenkraut Knopfkraut

Sammelzeit: Blätter, Triebspitzen, Knospen und Blüten sind von Mai bis Oktober zu ernten.

Lieblingsort: An Weg- und Feldrändern.

Kennzeichen: Recht unscheinbare **Pflanze**, 10 bis meist 40 cm hoch. **Blätter** stehen immer zu zweit gegenüber am Stängel und haben einen gezackten Rand. **Blütenköpfchen** wenige mm im Durchmesser, mit winzigen weißen, äußeren Blütenblättern und einer kräftiggelben Mitte.

Aufgepasst! Suchen Sie sich eine gute Stelle, denn an Feld- und Wegrändern haben die Pflanzen häufig Spritzmittel oder Gassi-Spuren abbekommen.

Schmeckt … Die Blüten und Knospen schmecken nussig-herb und erinnern etwas an Sonnenblumenkerne, das Grün schmeckt salatartig. In gekochter Form als Gemüse, in Suppen oder Spinat sowie roh als Salat ist das Franzosenkraut ein wertvoller Vitamin- und Mineralstoffspender.

Blüten

Blitz-Rezept

Salade française

- 3 Handvoll Franzosenkraut
- 3 EL Öl
- 2 TL Dijonsenf
- 1 Schuss Apfelsaft
- Croûtons

Öl und Senf so lange mit der Gabel rühren, bis eine homogene Soße entsteht, dann den Apfelsaft einrühren. Mit dieser Vinaigrette das Franzosenkraut anmachen und Croûtons darüberstreuen.

Den ganzen Sommer über lassen sich die Samen gewinnen, indem Sie die Köpfchen schütteln. Gut getrocknet können Sie sie den Winter über auf dem Fenstersims ansäen und die Sprossen genießen.

Gänseblümchen Maßliebchen

Sammelzeit: Blüten, Knospen und Blätter können das ganze Jahr über gesammelt werden, Hauptsaison haben sie im Frühling.

Lieblingsort: Wiesen mit niedrigen Pflanzen.

Kennzeichen: **Blütenkörbchen** innen gelb, außen weiß mit mehr oder weniger rosafarbenen Spitzen, bis zu 2 cm Durchmesser, an einem langen Stiel ohne Blätter. **Blätter** in einer Rosette am Boden, zungenförmig mit schmalem Ansatz, fein behaart, bis zu 6 cm lang.

Aufgepasst! Gänseblümchen haben keine Doppelgänger. Die Blütenform gibt es häufig im Pflanzenreich, doch die Kombination mit der Blattrosette macht die Identifizierung einfach.

Blattrosetten

Schmeckt … Blüten schmecken zart nussig und leicht bitter und eignen sich für Verzierungen aller Art. Die Blätter können wie Feldsalat geerntet und auch wie dieser verwendet werden, außerdem gekocht in Kräutersuppen und Gemüsezubereitungen. Die Knospen kann man wie Kapern einlegen.

Blitz-Rezept

Feld- und Wiesensalat

- je 1 Handvoll Feldsalat und Gänseblümchenblätter
- 10–20 Blütenköpfchen
- 4 EL Speckwürfel
- Salz, Pfeffer, Essig und Öl

Speck in der Pfanne bei geringer Hitze knusprig braten. Die sauberen Blätter und Blüten mit den Gewürzen und zum Beispiel Himbeeressig und Walnussöl anmachen und den Speck darüberstreuen.

Extra Tipp

Die Blüten schließen sich oft nach dem Sammeln, Ästheten können aber einen Trick anwenden: auf warmem Wasser wenige Minuten schwimmen lassen, dann öffnen sich die meisten wieder.

Löwenzahn Pusteblume, Kuhblume

Sammelzeit: Knospen im zeitigen Frühjahr, Blüten vor allem im Frühling, Blätter praktisch das ganze Jahr.

Lieblingsort: Vor allem auf nährstoffreichen Wiesen, letztlich an jeder Ecke.

Kennzeichen: **Blütenkörbchen** kräftig gelb, von kleinen grünen Kelchblättern umgeben, auf einem blattlosen, hohlen Stiel. Werden später zu Pusteblumen. **Blätter** rosettenförmig am Boden angeordnet, vielfach eingeschnitten (erinnern entfernt an die Zahnreihen einer Raubkatze).

Blattrosetten

Aufgepasst! Es gibt zahlreiche verschiedene Löwenzähne, die aber alle essbar sind. Alle haben einen klebrigen, weißen Milchsaft, der sich auf der Haut braun färbt und nur schwer zu entfernen ist. Am besten also vorsichtig oder gleich mit Handschuhen ernten und verarbeiten.

Schmeckt … Knospen und Blüten schmecken süßlich, Blätter chicoréeartig. Aus den Blüten lässt sich ein Sirup herstellen, sie sind außerdem gut für alle Variationen der Blütenküche. Die Knospen können wie Kapern eingelegt werden, passen aber auch – wie die Blätter – frisch in Salate und Gemüsezubereitungen.

Blitz-Rezept

Gebratene Löwennasen

- junge Löwenzahnknospen
- Butterschmalz

Die Knospen aufrecht ins heiße Butterschmalz setzen und kurz anbraten. Die grünen Hüllblätter öffnen sich im heißen Fett und bilden ein sternförmiges Minitablett für die Knospen. Mit etwas Puderzucker oder pikant würzen und zu Süßem oder Herzhaftem reichen.

Extra Tipp

Die Blätter sind weniger bitter, wenn Sie sie

- ganz jung ernten
- fein schneiden und eine Stunde in Wasser mit etwas Salz legen
- den Salat eine halbe Stunde vor Genuss anmachen
- im Garten mit einem Blumentopf abgedeckt wachsen lassen und so durch Lichtentzug bleichen.

Scharbockskraut

Sammelzeit: Die Blätter und Blütenknospen sollten nur vor der Blütezeit, also im März und April gesammelt und nicht in riesigen Mengen konsumiert werden, da sie sonst gesundheitsschädlich sein können.

Lieblingsort: An feuchten, halbschattigen Stellen im Garten, Wald oder Park, häufig direkt unter Bäumen.

Kennzeichen: **Blätter** sind glänzend dunkelgrün, lang gestielt und rundlich herzförmig. **Blüten** leuchtend gelb wie kleine Sterne. Das gesamte **Pflänzchen** wird maximal 15 cm hoch und bildet ganze Teppiche.

Aufgepasst! Die Blätter des Scharbockskrauts können mit den weniger glänzenden Blättern von Veilchen (Seite 84) oder Gundermann (Seite 82) leicht verwechselt werden. Diese sind aber auch essbar, haben nur einen ganz anderen Geschmack.

Schmeckt … leicht säuerlich scharf und passt daher in Salate, Soßen, Wildkräutermischgerichte und Quark.

Blitz-Rezept

Vitaminpaste

- 2 Handvoll Scharbockskraut-Blätter
- ½ Apfel
- ½ Zehe Knoblauch
- 1 EL gemahlene Mandeln
- Salz, Pfeffer, Zitronensaft

Kraut grob hacken und mit Apfel, Knoblauch, den Mandeln, Gewürzen, Zitronensaft und einem Schuss Wasser im Mixer zu einer Paste häckseln. Lecker als Brotaufstrich oder zu Pasta.

Extra Tipp

Der eigentümliche Name kommt von „Skorbut“, einer Vitamin-C-Mangelkrankheit. Früher hat man nach dem vitaminarmen Winter die Blätter des Scharbockskrauts gegessen, um der Krankheit entgegenzuwirken.

Huflattich

Sammelzeit: Blüten, ihre Knospen und die Stängel können manchmal schon im Februar und bis in den April geerntet werden. Danach erscheinen die ebenfalls essbaren Blätter, die bis Juni am zartesten sind.

Lieblingsort: An eher steinigen oder sandigen Stellen an Wegrändern, Brachflächen und Flussufern.

Kennzeichen: **Blüht** in gelben Körbchen auf dicken, bis zu 25 cm hohen Stielen mit kurzen Blattschuppen. Die **Blätter** erscheinen nach der Blütezeit auf rinnenförmigen Blattstielen, sind fleischig und haben einen filzigen Flaum.

Aufgepasst! Huflattich sollte nicht über einen längeren Zeitraum und in rauen Mengen verspeist werden, weil er sonst für die Leber schädlich sein kann. Zu verwechseln sind nur die Blätter, die schwer von weniger leckeren, jungen **Pestwurz**-Blättern zu unterscheiden sind. Sammeln Sie daher nur an Stellen, wo Sie vorher die Blüten entdeckt haben oder beschränken Sie die Ernte auf die anderen Pflanzenteile.

Blatt

Schmeckt ... Die Blüten schmecken süßlich, der milde Geschmack erinnert an grünen Spargel. Huflattich wird roh in Salaten, gebraten oder gekocht in Pfannengemüse, Bratlingen, Eierspeisen oder wie Spinat verwendet.

Blitz-Rezept

Blütenbrot

- 1 Handvoll Huflattichknospen
- 1 Butterbrot

Knospen fein schneiden und auf dem Butterbrot verteilen – fertig.

Extra Tipp

Huflattich ist oft in urbanen Gebieten zu finden. Achten Sie aber bei der Ernte darauf, wo genau er steht. Zu viel Abgas oder nicht ganz einwandfreie Böden sind nicht gesund.

Pastinak

Sammelzeit: Die Wurzeln werden im Herbst, Winter und Frühjahr geerntet, wobei sie nach dem ersten Frost weicher sind. Im Juli und August können Sie die Knospen und Blüten verwenden.

Lieblingsort: In Grünstreifen und an Wegrändern.

Kennzeichen: Der Pastinak ist eine stattliche **Pflanze** von bis zu 1 m Höhe und hat einen kantig gefurchten Stängel. **Blüten** sind gelb und stehen in Dolden und Döldchen (das heißt: von einem Punkt aus entspringen Stiele, die sich nochmals in einem Punkt in Stielchen verzweigen; daran sitzen die einzelnen Blüten). **Blätter** in ungestielte, gezähnte Fiederblättchen untergliedert, die ihrerseits wiederum in Lappen geteilt sind.

Blätter

Aufgepasst! Es gibt einige gelbe Doldenblütler. Achten Sie also genau auf die Form der Blätter, denn die Blüten ähneln sich alle sehr.

Schmeckt … ähnlich der Pastinake vom Gemüsehändler, geht also geschmacklich in Richtung Möhre und wird auch wie diese verwendet.

Blitz-Rezept

Pastinakcarpaccio

- 2–3 Pastinakwurzeln in feinen Scheiben
- 1 EL gewürfelter Speck
- 1 TL Honig
- Salz und Pfeffer nach Belieben

Wurzelscheiben und Speck in der Pfanne anbraten und im Honig leicht karamellisieren. Nach Belieben würzen.

Extra Tipp

Von einer Ihnen genau bekannten Pastinakpflanze, die Sie im Sommer blühend gesehen haben, können Sie im Herbst die würzigen Samen ernten. (Sonst ist die Verwechslungsgefahr zu groß!) Ähnlich wie Kümmel würzen sie Gebäck, Bratkartoffeln und Käse.

Wiesenschaumkraut

Sammelzeit: Die Blüten zieren von April bis Juni Wiesen und Teller. Auch die Blätter und Triebspitzen sind verwendbar, allerdings nur vor der Blütezeit.

Lieblingsort: Auf feuchten Wiesen und Rasen.

Kennzeichen: Die ganze **Pflanze** wird meist bis 35 cm hoch. Am Boden hat sie einige **Blätter** mit rundlichen Blattfiedern, während die Fiedern der Stängelblätter länglich und schmal sind. **Blüten** stehen in Büscheln zusammen und bestehen immer aus 4 weißen bis rosafarbenen Blütenblättern, kleinen gelben Staubbeuteln und einem grünen Kelch, der die Blütenblätter umfasst.

Blätter

Aufgepasst! Es gibt einige ähnliche Arten, die auch auf Wiesen wachsen. Achten Sie ganz besonders auf die Blattform der Grundblätter, die weiß-rosa Blüten und die gelben Staubbeutel.

Schmeckt … würzig nach Kresse mit einer leichten Bitternote und passt somit in Quark, zu Brotaufstrichen, in Salat oder zu Eierspeisen.

Blitz-Rezept

Blütenquark

- 250 g Sahnequark
- 3 EL Milch
- 1 Handvoll Schaumkrautblüten
- Salz und Pfeffer

Quark, Milch und Blüten verrühren und mit Salz und Pfeffer abschmecken. Optisch und geschmacklich ein Genuss zu Pell- oder Folienkartoffeln.

Extra Tipp

Der hübsche Aurorafalter mit seinen orangen Flügelspitzen nutzt dieses Kraut als Nahrungspflanze und ist daher oft in der Nähe zu finden. Halten Sie also beim Sammeln die Augen offen und genießen Sie den Anblick!

Malve Wilde Malve

Sammelzeit: Von Mai bis Oktober können die Blüten, bis zum Juli die noch zarten Blätter und Triebe gesammelt werden.

Lieblingsort: An sonnigen Wegen, Mauern und Zäunen.

Kennzeichen: **Blüht** in bis zu 3 cm großen Blüten mit 5 rosa Blütenblättern, die purpurne Streifen haben und am äußeren Rand eingebuchtet sind. Die **Blätter** stehen einzeln am aufrechten, bis zu 1 m hohen Stängel und haben meist 5 Lappen, die am Rand gezackt sind.

Aufgepasst! Ähnlich sieht die **Weg-Malve** aus, die Sie genauso verwenden können. Sind Malvenblätter von einem Pilz befallen (rostbraune Flecken auf den Blattunterseiten), sollten sie nicht gegessen werden.

Schmeckt … recht mild. Die Blüten eignen sich frisch als Dekoration vor allem zu Salaten und Desserts und getrocknet in Teemischungen. Blätter und Triebe passen in Gemüse und Salate.

Blüten und Blätter

Blitz-Rezept

Frucht und Blüte

- je 1 Mango, Birne, Apfel, Banane
- Saft einer halben Zitrone
- 3 EL süße Sahne
- Ahornsirup
- 10 Malvenblüten

Obst fein schneiden und mit Zitronensaft und Sahne mischen. Nach Belieben mit Ahornsirup süßen und mit Malvenblüten dekorieren.

Extra Tipp

Die Blütenknospen und jungen Früchte können Sie genau wie Gänseblümchen- und Löwenzahnknospen in gesalzenen Essig einlegen. Ein Rezept dazu finden Sie auf Seite 106.

Rotklee Roter Wiesenklee

Sammelzeit: Die jungen Triebe finden Sie von April bis Juni, die Blütenköpfchen von Mai bis September.

Lieblingsort: Auf Wiesen und Rasen.

Kennzeichen: **Blüten** rosa in nahezu kugeligen Köpfchen. **Blätter** dreigeteilt mit ovalen Fiederblättchen, die auf einem kurzen gemeinsamen Stiel sitzen, selbst aber nicht oder kaum gestielt sind.

Aufgepasst! Der Rotklee ist auf den ersten Blick mit anderen Kleearten zu verwechseln. Diese sind aber ebenfalls essbar, schmecken nur nicht so gut.

Schmeckt … Die Blüten schmecken süßlich und werden einzeln oder als Köpfchen über Salate und Gemüse gestreut oder getrocknet als Tee verwendet. Die jungen Triebe und Blätter erinnern geschmacklich an Feldsalat und werden wie dieser oder gekocht in Gemüse verwendet.

Blitz-Rezept

Rosa Reisbällchen

- 1 Tasse klebender Reis (z. B. Basmati)
- ½ TL Kreuzkümmel
- Salz
- 1 Handvoll einzelne Kleeblüten

Reis mit Salz nach Anleitung kochen und dann den Kreuzkümmel unterrühren. Mit feuchten Händen zu tischtennisballgroßen Bällchen formen und diese in den Blüten wälzen. Lecker zu asiatisch angehauchtem Pfannengemüse.

Extra Tipp

Wiesennascherei:
Die Einzelblüten aus dem Blütenköpfchen zupfen und an der schmalen Seite den süßen Nektar aussaugen. So haben das schon unsere Großmütter gemacht.

Taubnessel Weiße, Gefleckte oder Purpurrote Taubnessel

Sammelzeit: Blätter können praktisch das ganze Jahr gesammelt werden. Ab April bis Oktober erleichtern Blüten das Finden und Bestimmen.

Lieblingsort: An Wald- und Gebüschrändern.

Kennzeichen: **Blätter** sehen aus wie die der Brennnesseln, brennen aber nicht. **Blüten** nicht rund, sondern röhrenförmig mit einer Öffnung, die entfernt an eine Ober- und Unterlippe erinnert, weiß oder purpurn, sitzen direkt oberhalb der Blätter rings um den Stängel. Die ganze **Pflanze** wird meist bis zu 40 cm hoch und steht meistens in Gesellschaft einiger Artgenossen.

Aufgepasst! Häufig laben sich Hummeln an dem leckeren Nektar. Also bitte mit wachsamem Auge ernten, denn die eigentlich friedlichen Tierchen stechen manchmal, wenn sie gequetscht werden.

Weiße Taubnessel

Schmeckt … aromatisch-würzig in Salat, Suppen und Soßen. Die Blüten schmecken vor allem ganz unten süßlich nach Nektar.

Blitz-Rezept

Gebratene Nesseln

- 80 g Mehl
- 1 Ei
- 150 ml Milch
- 1 Prise Salz
- 50 ml Bier
- 2 Handvoll Taubnesselblätter und Triebspitzen
- Öl zum Ausbacken

Aus Mehl, Ei, Milch, Salz und Bier einen glatten Teig rühren und diesen 20 Minuten quellen lassen. Dann die Taubnesselblätter und Triebspitzen in den Teig tunken und in ausreichend Öl ausbacken.

Extra Tipp

Verwandtschaften im Pflanzenreich lassen sich an den Blüten gut ablesen, so auch hier: Die Blätter sehen denen der Brennnessel zwar ziemlich ähnlich, die Blüten der beiden könnten aber unterschiedlicher nicht sein. Ergo: Sie sind nicht näher verwandt.

Dost Wilder Majoran, Oregano

Sammelzeit: Blätter und Blüten können von April bis September geerntet werden.

Lieblingsort: An sonnigen Waldrändern, Hecken und Zäunen.

Kennzeichen: Die **Pflanze** wird insgesamt 20–60 cm hoch. Die **Blütenröhren** sind höchstens 1 cm lang, hellpurpurn und stehen am Ende der Seitenzweige und des Haupttriebs büschelig zusammen. Die **Blätter** stehen immer zu zweit gegenüber am kantigen Stängel, haben einen abgerundet-dreieckigen bis eiförmigen Umriss, sind mattgrün und riechen aromatisch, wenn man sie zwischen den Fingern reibt.

Aufgepasst! Viele verwechseln den Dost und seinen Duft mit Thymian. Dieser sieht aber ganz anders aus und ist auch viel kleiner (Seite 76).

Schmeckt ... ähnlich wie der Kulturmajoran, aber weniger stark. Er lässt sich frisch oder getrocknet als Gewürz verwenden.

Blitz-Rezept

Italo-Kräutertoast

- 4 Scheiben Toast
- 1 TL scharfer Senf
- etwas Parmesan in feinen Scheiben
- 1 Tomate
- 2–3 EL Dostblätter und Blüten

Toast mit Senf bestreichen und mit dünnen Parmesan- und Tomatenscheiben belegen. Darüber den Dost streuen und bei 200 °C im vorgeheizten Backofen etwa 10 Minuten backen.

Extra Tipp

Ab Juli können Sie die nun harten Stängel als Spieße einsetzen: zum Beispiel für Fingerfood, Rouladen oder selbst gebastelte Fähnchen.

Thymian Feld-Thymian, Quendel, Sand-Thymian

Sammelzeit: Blätter können Sie das ganze Jahr sammeln, haben von Juni bis September aber das beste Aroma. In diesen Monaten sind auch die milderen, dekorativen Blüten zu sammeln.

Lieblingsort: An sonnigen Böschungen und in trockenen Wiesen.

Kennzeichen: **Blätter** derb und meist kürzer als 1 cm, sitzen immer zu zweit gegenüber am kantigen und unten holzigen Stängel. **Blüten** sind hell- bis dunkelpurpurn. Die **Pflanze** bildet mehr oder weniger dichte Sträucher von meistens nicht mehr als 15 cm Höhe und riecht beim Zerreiben aromatisch-würzig.

Aufgepasst! Thymian wächst unter anderem in artenreichen Magerrasen, die selten geworden sind und daher häufig unter Schutz stehen. Hier sollten Sie auf das Sammeln verzichten und einfach nur den herrlichen Duft, die bunten Blumen und Schmetterlinge genießen.

Schmeckt ... ähnlich wie der Gartenthymian, aber etwas herber und mit dezenterem Aroma. So ist er auch zu verwenden: zum Beispiel als Tee oder Gewürz in Salaten, außerdem in eher fettigen und mediterranen Speisen.

Blitz-Rezept

Duft-Ciabatta

- 4 Scheiben Ciabatta
- 4 EL Olivenöl
- ½ Zehe Knoblauch, Salz und Pfeffer
- 2–3 TL Thymianblätter

Ciabatta mit dem Öl in der Pfanne anrösten und mit der halben Knoblauchzehe auf einer Seite abreiben. Mit Salz, Pfeffer und Thymianblättern würzen.

Extra Tipp

Es gibt mehrere wilde Thymian-Arten, die sich alle optisch und geschmacklich ein wenig unterscheiden. Also: nicht verwirren lassen und immer schön schnuppern, dann können Sie ihn nicht verfehlen.

Indisches Springkraut Drüsiges Springkraut

Sammelzeit: Die Blüten finden Sie von Juni bis Oktober. Ab Ende Juli können Sie die reifen Samen naschen.

Lieblingsort: In Flussauen und anderen feuchten Gebieten.

Kennzeichen: **Pflanze** bildet einen kantigen, hohlen Stängel und wird bis zu 2 oder sogar 3 m hoch. Oben stehen mehrere **Blüten** locker zusammen; sie sind purpurrot, rosa oder weiß und duften stark süßlich (oft schon von Weitem). Aus den Blüten entwickeln sich später die reif braunschwarzen **Samen** in einer grünen, länglichen Kapsel, die bei Berührung explosionsartig aufspringt. Die **Blätter** sind länglich mit gezacktem Rand und einer Länge von 6–25 cm.

Bestand

Aufgepasst! Schütteln Sie die Blüten vor Ort schon und zu Hause noch einmal in einem Sieb, sonst werden Sie viele kleine Tierchen verspeisen.

Schmeckt … Die Blüten schmecken süßlich und eignen sich gut für Gelee, Sirup, Essig oder als schickes Accessoire für den Salat. Die nussigen Samen passen ins Müsli, in Bratlinge oder schmecken unterwegs einfach roh.

Blitz-Rezept

Purpursalat

- je 1 Handvoll Grüner Salat und Rucola
- 4 EL Holunderessig (Seite 108)
- 3 EL Distelöl
- Salz, Pfeffer, Zitronensaft, Rosa Pfeffer
- 1–2 Handvoll Blüten des Indischen Springkrauts

Grünen Salat und Rucola waschen, trockenschleudern und klein rupfen, mit Essig, Öl, Zitronensaft und Gewürzen anmachen und Blüten locker darüber verteilen.

Extra Tipp

Dieses Springkraut kommt eigentlich aus Asien, breitet sich bei uns rasant aus und verdrängt dabei viele heimische Pflanzen. Also: Essen, was das Zeug hält!

Kleiner Wiesenknopf

Sammelzeit: Die Blätter und die kugeligen Blütenstände von April bis August.

Lieblingsort: Auf eher trockenen Wiesen und Rasen.

Kennzeichen: Ganze **Pflanze** wird bis zu 40 cm hoch. Die **Blüten** stehen in eigenartigen rötlich grünen Kugeln oben am Stängel. **Blätter** bestehen aus 4–7 ovalen Blättchenpaaren mit gezackten Rändern und einem einzelnen Blättchen am Ende.

Aufgepasst! Sehr ähnlich, nur größer ist der ungiftige aber derbere **Große Wiesenknopf.** Seine Blütenstände und die Fiederblättchen sind länglicher als die beim Kleinen Wiesenknopf.

Großer Wiesenknopf

Schmeckt ... fein nach Gurke. Die festen Blätter und die Knospen eignen sich daher gut zum Abmildern kräftigerer Zutaten oder passen direkt zu Gurken.

Blitz-Rezept

Frische-Dip

- 10 Wiesenknopfblätter
- 5 Blütenknöpfchen
- 1 Becher Joghurt
- ½ TL gemahlener Kreuzkümmel
- Zitronensaft, Salz, Pfeffer, Rosa Pfeffer

Blätter fein hacken und mit Joghurt und Kreuzkümmel mischen. Das Ganze mit Zitronensaft, Salz und Pfeffer abschmecken und mit Blütenknöpfchen und grob zerstoßenem Rosa Pfeffer schmücken. Passt gut zu Chips, Tacos, Salat und Falafel.

Extra Tipp

Der Kleine Wiesenknopf wird übrigens landläufig auch Pimpinelle genannt. Das ist allerdings etwas verwirrend, da eine andere Wiesenpflanze, die Bibernelle, ebenfalls so bezeichnet wird.

Gundermann Gundelrebe

Sammelzeit: Ist das ganze Jahr zu finden, am zartesten ist er aber im Frühjahr. Die essbaren Blüten gibt es von April bis Juni.

Lieblingsort: In Gärten, an Wald- und Wegrändern.

Kennzeichen: Das ganze **Kraut** wächst (zunächst) niederliegend und wird bis zu 40 cm lang. **Blätter** rund mit Einkerbungen, etwas rau, immer zwei sitzen am Stängel gegenüber und haben einen langen Blattstiel. **Blüten** hellviolett, sitzen direkt am Stängel zwischen den Blättern.

Blätter

Aufgepasst! Der ungiftige **Günsel** sieht dem Gundermann auf den ersten Blick sehr ähnlich. Seine Blätter sind aber eher länglich und sitzen ungestielt am Stängel. Außerdem fehlt ihm der kräftige Geruch.

Günsel

Schmeckt … stark würzig-herb und wird daher vor allem – roh oder gekocht – als Gewürz verwendet. Er lässt sich aber auch gut mit Süßem kombinieren: einfach in zerlassene Bitterschokolade tauchen oder gering dosiert und fein gehackt ins Müsli mit Joghurt und geriebenem Apfel geben.

Blitz-Rezept

Gundercamole

- etwa 30 junge Gundermannblätter
- 1 weiche Avocado
- Saft einer halben Zitrone
- Salz

Gundermannblätter klein hacken und auf die ausgelöste Avocado geben. Zitronensaft und Salz zugeben und alles mit einer Gabel fein zerdrücken. Lecker zu Kartoffeln, Chips oder auf Brot.

Extra Tipp

Der Gundermann schmeckt sehr kräftig. Lernen Sie ihn also lieber langsam kennen: Riechen Sie erst einmal an den Blättern, um zu sehen, ob Sie das Aroma überhaupt mögen. Dann können Sie mit wenigen Blättern das erste Gericht starten.

Veilchen März-Veilchen, Duftendes Veilchen

Sammelzeit: Die Blüte- und damit Sammelzeit ist der März bis in die ersten Tage des Aprils. Dann besteht keine Verwechslungsgefahr und Sie können auch die Blätter für Salate ernten.

Lieblingsort: An Waldrändern.

Kennzeichen: **Blüten** mit 5 violetten Blütenblättern und aromatischem Duft; der Blütenstängel trägt keine Blätter. **Blätter** rundlich bis nierenförmig. Das ganze **Pflänzchen** wird nur 10 cm hoch, bildet aber am Boden kriechende seitliche Ausläufer.

Aufgepasst! Es gibt viele Veilchenarten, die ähnlich aussehen. Der Duft verrät Ihnen aber, wenn Sie das richtige gefunden haben.

Schmeckt … Blüten schmecken süßlich-mild nach Blume und passen daher in milde (Obst-)Salate, zu Milchprodukten und Süßspeisen. Meistens werden sie zur Dekoration verwendet oder zu Saft, Gelee oder Essig verarbeitet.

Blitz-Rezept

Aromapudding

- 1 Päckchen Sahnepuddingpulver
- 500 ml Milch und 4 EL Zucker für den Pudding
- 1 EL Grieß
- 100 g Magerquark
- 1 Handvoll duftende Veilchenblüten

Den Pudding nach Anleitung kochen, den Grieß anfangs mit einrühren. Quark und heißen Pudding vermengen und mit den Veilchen in Schälchen geben. Lauwarm oder kalt genießen.

Extra Tipp

Besonders beliebt sind kandierte Veilchen. Sie verzaubern alles Süße in eine märchenhafte Besonderheit. Ein ganz einfaches Rezept zum Kandieren von Blüten finden Sie auf Seite 117.

Brennnessel

Sammelzeit: Praktisch das ganze Jahr über, am besten aber im Frühling und Sommer. Am aromatischsten sind die Triebspitzen mit den noch jungen Blättern. Im Herbst sind die winzigen Früchte reif.

Lieblingsort: Vor allem in Gärten und an Wald- und Wegrändern.

Kennzeichen: **Blätter** sind am Rand deutlich gezackt und brennen bei Berührung. **Blüht** unauffällig in winzigen grünen Blütchen. **Samen** hängen wie in einer winzigen Traube, sind erst grün, im reifen Zustand färben sie sich dunkel.

Aufgepasst! Damit das Ernten möglichst wenig Verdruss bringt: mit Handschuhen ernten, nur die obersten Triebspitzen (zwei kleine und zwei größere Blätter) abzupfen oder oben festhalten und unten mit der Schere abschneiden.

Schmeckt ...

Die Blätter erinnern gekocht an Spinat. Am besten verwendet man sie als Gewürz zum Beispiel zu Eierspeisen, zusammen mit anderen Wildkräutern in Mischgerichten und Salaten oder als Tee (schmeckt nur frisch aufgegossen!). Die reifen Samen (im Bild links noch unreif) schmecken nussig: einfach pur über den Salat streuen oder aufs Butterbrot.

Blitz-Rezept

Kräuterbrot

- 5 Triebspitzen der Brennnessel (die oberen 4 Blätter)
- 5 Blätter Zitronenmelisse
- 1 Stück Butter
- 1 Messerspitze Senf
- 1 Scheibe Brot

Kräuter ganz fein hacken oder in der Kräutermühle zerkleinern, mit Butter und Senf mischen und aufs Brot streichen.

Extra Tipp

Sie brennt nicht,

- wenn sie mechanisch stark beansprucht wurde: mit dem Nudelholz gequetscht, fein gehackt, kräftig verrührt;
- wenn sie mit heißem Wasser überbrüht wird;
- wenn sie gekocht ist.

Spitzwegerich

Sammelzeit: Junge Blätter (aus der Mitte der Rosette) von April bis August, von Mai bis Juli die Blütenknospen und von August bis Oktober die Früchte.

Lieblingsort: Auf Rasen, Wiesen und an Wegrändern.

Kennzeichen: **Blätter** sind sehr lang und spitz, mit kräftigen Längsadern, die auf der Blattunterseite deutlich hervorstehen, kräftig grün. Die **Blütenknospen** sind unscheinbar und sitzen an einem die Blätter überragenden Stiel in einer kompakten Ähre zusammen. Je eine Reihe der Knospen öffnet sich zu winzigen **Blüten** und verschafft dem Kraut ein „Krönchen" aus weißen Staubbeuteln an langen Fäden.

Blütenähre

Aufgepasst! Mancherorts gibt es weitere ähnliche Wegerich-Arten, die aber genauso zu verwenden sind. Je fester die Konsistenz der Blätter, desto feiner werden sie geschnitten.

Schmeckt ... Die Blätter sind etwas bitter, haben aber interessanterweise einen deutlichen Pilzgeschmack, wenn man sie 20 Minuten kocht. So werden sie als Gemüse, in Suppen, Soßen und Mischgerichten verwendet, in roher Form klein geschnitten auch in Salaten und Kräuterquark. Knospen und Samen schmecken nussig entweder roh oder in der Pfanne geröstet.

Blitz-Rezept

Blattschokolade

- junge Wegerichblätter
- Bitterschokolade

Wegerichblätter auf Backpapier legen und die Schokolade schmelzen lassen. Mit einer Gabel oder einer feinen Tülle wilde Streifen oder lustige Gesichter auf die Blätter malen und erkalten lassen.

Extra Tipp

Aus den Blütenähren können Sie auch Wegerich-Kapern herstellen, genau wie aus Knospen vieler anderer Arten. Ein Rezept dazu finden Sie auf Seite 106.

Breitwegerich

Sammelzeit: Junge Blätter aus der Mitte der Rosette von April bis August, von Mai bis Juli die Blütenknospen und von August bis Oktober die Samen.

Lieblingsort: Auf und neben Trampelpfaden, auf Rasen und Wiesen.

Kennzeichen: **Blätter** sind in einer mehr oder weniger liegenden Rosette angeordnet, haben einen kräftigen Stiel, eine sanfte Spitze und deutliche Längsadern, die auf der Blattunterseite hervortreten. Die winzigen, unscheinbaren **Knospen und Samen** sitzen an einer langen, schlanken Ähre, die spitz zuläuft und im Ganzen verwendet wird.

Blattrosetten Mittlerer Wegerich

Aufgepasst! Die Blätter des **Kleinen Wegerichs** haben einen welligeren Rand, denen des **Mittleren Wegerichs** fehlt der Blattstiel. Beide können Sie aber problemlos verwenden.

Schmeckt … ähnlich wie der Spitzwegerich (Seite 88) und wird genauso verwendet. Da er aber festere Blattadern hat, empfiehlt es sich, diese von der Unterseite mit einem flach aufgelegten Messer zu entfernen.

Blitz-Rezept

Wegerichsalat

- 1 Handvoll Breitwegerichblätter
- 1 Handvoll anderer Blattsalat
- 1 Handvoll Breitwegerichähren (grüne Kolben)
- Balsamicoessig, Olivenöl, Salz und Pfeffer

Breitwegerichblätter und anderen Blattsalat in grobe Streifen schneiden. Große Samenstände ebenfalls etwas in Stücke schneiden. Mit Essig, Öl, Salz und Pfeffer anmachen.

Extra Tipp

Auf dem Breitwegerich haben Sie zum „Malen“ eine größere Fläche, die Ihrer Fantasie für das Rezept auf Seite 88 noch mehr Raum gibt.

Sauerampfer

Sammelzeit: Die Blätter stehen von März bis Oktober für die Wildkräuterküche zur Verfügung, sind vor der Blüte aber am wenigsten bedenklich. Triebspitzen können im zeitigen Frühjahr mitgeerntet werden.

Lieblingsort: Auf Wiesen und Weiden, gerne auf lehmigem Boden.

Kennzeichen: **Blätter** sind etwas ledrig, länglich, pfeilförmig mit einer Spitze und nach unten zeigenden spitzigen Zipfeln, die Blätter am Boden haben lange Stiele, die am bis zu 120 cm hohen Stängel nur kurze oder keinen. Der Geschmack ist eindeutig sauer. **Blüht** im Mai und Juni rötlich grün in winzigen Blüten.

Junge Blätter

Aufgepasst! Viele andere ungenießbare Ampfer-Arten sehen beim ersten Hinsehen ähnlich aus. Die Größe der Pflanze, die Blattform und der Geschmack sind entscheidend. In größeren Mengen kann Sauerampfer gesundheitsschädlich sein (siehe Extra-Tipp).

Schmeckt ... säuerlich-zitronig. Am besten verwenden Sie ihn roh in Salaten oder kurz gegart in Suppen, Soßen oder als frische Würze zu fettigen Gerichten. Pur von der Pflanze ist er ein erfrischender Genuss.

Blitz-Rezept

Sauerampferpasta

- 1 Handvoll Sauerampfer
- 100 g Pasta
- ½ Zehe Knoblauch
- Olivenöl
- Salz, Pfeffer, Parmesan

Sauerampfer in feine Streifen schneiden, dann die Nudeln in gut gesalzenem Wasser kochen. In der Zwischenzeit Öl in einer Pfanne erhitzen und Knoblauch im warmen Öl etwas andünsten. Das Knoblauchöl mit den Nudeln und dem Sauerampfer mischen, mit Salz, Pfeffer und Parmesan abschmecken.

Extra Tipp

Sie sollten Sauerampfer nicht monatelang regelmäßig zu sich nehmen, da er sonst wegen der enthaltenen Oxalsäure Nierenschäden hervorrufen kann. Ab und zu eine Suppe und ein paar Blättchen im Salat können Sie aber mit ruhigem Gewissen genießen.

Beifuß

Sammelzeit: Die oberen Blätter und Knospen können Sie von Mai bis September sammeln. Je früher, desto milder.

Lieblingsort: An Weg- und Feldrändern, Ufern und in Brachflächen.

Kennzeichen: Die **Pflanze** wird ½ – 2 m hoch und hat einen rötlich braunen Stängel. Ihre **Blätter** sind unregelmäßig geschlitzt und haben mehr oder weniger breite, spitz zulaufende Lappen, die Unterseite ist hell filzig, die Oberseite grün. Entlang der Zweige sitzen winzige, gelblich grüne Blüten in 2–3 mm großen Köpfchen.

Aufgepasst! Der Beifuß ist mit seiner sehr bitter schmeckenden Schwesternart, dem **Wermut**, zu verwechseln. Dessen Blätter sind aber auf beiden Seiten filzig behaart, sodass er ganz gräulich grün aussieht.

Wermutblatt

Schmeckt … herb-würzig und leicht bitter als frisches oder getrocknetes Gewürz vor allem zu Fleisch oder Kartoffeln.

Blitz-Rezept

Kartoffelbrei mit Würze

- 5 große Salzkartoffeln
- etwa 150 ml heiße Milch
- 30 g Butter
- Salz, Muskat und fein geriebener Meerrettich nach Belieben
- 3 EL fein gehackter Beifuß

Kartoffeln gut weich kochen und mit einer Gabel zerdrücken. Je nach gewünschter Konsistenz Milch und Butter zugeben. Nach Belieben mit Salz, Muskat und Meerrettich würzen und mit dem Beifuß mischen.

Extra Tipp

Alten Beifuß, den Sie nicht mehr zum Kochen verwenden würden, können Sie noch gut als Räucherwerk einsetzen: Einfach auf ein feuerfestes, feines Sieb legen und über eine Kerze halten – das vertreibt unangenehme Gerüche und Geister.

Buchenblätter Rotbuche

Sammelzeit: Die jungen, noch zarten Blätter von April bis Mai.

Lieblingsort: Vor allem in Laub- und Mischwäldern, aber auch in Parks und als einzelne Bäume.

Kennzeichen: Wird als ausgewachsener **Baum** bis zu 40 m hoch. **Blätter** bis 10 cm lang, eiförmig und zugespitzt, am Rand leicht wellig. Ganz jung sind sie recht weich und hellgrün.

Aufgepasst! Auf den ersten Blick hat die **Hainbuche** ähnliche Blätter. Diese sind allerdings längs der Blattnerven sehr faltig und am Rand gezähnt.

Hainbuche

Schmeckt ... frisch-säuerlich und eignet sich daher gut als pure Erfrischung unterwegs oder in Salaten und Gemüse. Über Nacht in Wasser eingelegt ergeben sie ein leicht säuerliches Erfrischungsgetränk, das mit Zucker und Kohlensäure zur Frühlingslimonade aufgepeppt werden kann.

Blitz-Rezept

Frühlingsschiffchen

- 1 Apfel in 8 Spalten
- 8 junge Buchenblätter
- Zimt, Vanillezucker oder Kardamom

Buchenblätter mit je einem Zahnstocher auf dem mit Zimt, Vanillezucker oder Kardamom bestäubten Apfelschiffchen befestigen – fertig.

Extra Tipp

Die meisten Buchenblätter wachsen hoch oben in den Baumwipfeln. Wenn Sie kein furchtloser Kletterer sind, können Sie auch einfach nach jungen Bäumchen in Reichweite Ausschau halten.

Fichtenspitzen

Sammelzeit: Im März und April werden die weichen, hellgrünen Triebe gesammelt.

Lieblingsort: In Forsten und Wäldern.

Kennzeichen: Die **Nadeln** stehen rund um den Zweig, sind mittelgrün und haben eine stachelige Spitze. Die langen **Zapfen** hängen nach unten und fallen im Ganzen ab.

Aufgepasst! Mit **Tanne**, **Douglasie** und **Eibe** ist die Fichte zu verwechseln. Die ersten beiden können Sie theoretisch auch gut verwenden, wobei Tannen mit ihren dunklen, stumpfen Nadeln (zwei Spitzchen) aufgrund ihrer Seltenheit fast zu schade sind. Die giftige **Eibe** hat zeitweise rote Früchte und ähnlich wie die Tanne weiche, dunkle, breitere Nadeln.

Eibe

Tanne

Schmeckt … harzig-aromatisch und wird als Tee aufgegossen oder zu „Fichtenhonig“ (Seite 111) und Likör verarbeitet.

Blitz-Rezept

Wald-Honigtee

- 1 Handvoll Fichtenspitzen
- Honig und Zitronensaft nach Belieben

Fichtenspitzen mit 1 l kochendem Wasser aufgießen und 7 Minuten ziehen lassen. Honig und Zitronensaft nach Geschmack zugeben. Der aromatische Tee bringt Fröstelnden wohlige Wärme.

Extra Tipp

Da, wo Sie die Spitzen abbrechen, kann der Baum nicht weiterwachsen. Daher sollten Sie von einem Baum nur wenige Spitzen und niemals die von ganz oben nehmen.

Vom Korb auf den Teller

Kräuter verarbeiten

So. Jetzt haben Sie also fleißig bestimmt und gesammelt, sind wieder gut zu Hause angekommen und bekommen langsam Hunger. Bevor es zu den Rezepten geht, hier ein paar Tipps für die ersten Handgriffe in der Küche und wie die Ernte zu konservieren ist.

Erntefrisch auf den Tisch.

Je frischer desto besser …

… so ist das eben mit den Vitaminen. Oft empfiehlt es sich aber, die Pflanzenteile erst auf einem Blech oder Ähnlichem (im Garten) auszubreiten, damit kleine Tiere das Weite suchen können. Wenn Sie dann nicht sofort alles verarbeiten wollen, können Sie Ihr Erntegut in einem feuchten Tuch im Gemüsefach des Kühlschranks gut einen Tag aufbewahren.

Noch eine Gelegenheit

Wenn Sie zu Hause Ihren Korb leeren, haben Sie noch einmal eine Gelegenheit, Ihr Sammelgut genau anzusehen und ungenießbare „blinde Passagiere“ auszusortieren.

Waschen oder nicht waschen?

Eine Frage, über die die Meinungen geteilt sind. Hier einige Entscheidungshilfen:

- Beim Waschen landet immer ein Teil der gesunden und schmackhaften Inhaltsstoffe im Abfluss. Das ist schade, kann bei recht bitteren Pflanzen aber auch förderlich sein.
- Blüten sollten Sie auf keinen Fall waschen, sie fallen zusammen oder verkleben, saugen sich voll und verlieren oft wesentlich an Geschmack.
- Je sauberer die Pflanzenteile sind oder schon vor Ort gemacht werden, desto weniger ist Waschen nötig.
- Pflanzen, die Sie trocknen wollen, sollten Sie nicht waschen. Die Gefahr, dass sie nicht ordentlich

Waschen oder lieber nur mit einem Tuch abwischen?

trocknen und dann schimmeln ist zu groß. Oft hilft aber sanftes Abwischen mit einem Tuch gegen Verschmutzungen.

- Je größer die Angst vor Fuchsbandwurmeiern oder anderen Verunreinigungen, desto beruhigender kann gründliches Waschen sein. (Den Garaus machen Sie ihnen aber nur, wenn Sie das Sammelgut erhitzen.)

Kräuter klein kriegen

Oft braucht man die Kräuter nicht im Ganzen oder grob geschnitten, sondern ziemlich klein gehackt. Oft tut's ein scharfes **Küchenmesser**, doch für größere Mengen kann das Zerkleinern eine langwierige Geschichte werden.

Eine echte Hilfe sind eine **Kräutermühle**, die es in verschiedenen Variationen gibt, ein kleiner **Mixer** mit scharfem Messer, eine **Kräuterschere** oder das gute alte **Wiegemesser**. Vor allem getrocknete Kräuter bekommen Sie mit einem **Mörser** sehr fein zerkleinert (besonders gut geht das mit etwas Salz).

„Old school" aber immer noch effizient ist das Zerkleinern mit dem Wiegemesser.

Trocknen und einfrieren

Am besten, Sie konsumieren Ihre gesammelten Kräuter und Blüten gleich, denn durch das Trocknen oder Einfrieren verliert sich bei vielen Arten der Geschmack oder sie werden bitter. Deshalb nur wenige Hinweise zu diesen Methoden:

- Giersch, Brennnessel und Sauerampfer lassen sich einfrieren, sofern Sie sie danach kochen wollen.
- Gewürze wie Dost, Beifuß und Thymian sind auch getrocknet gut zu verwenden. Trocknet man Huflattich, so passiert sogar Kurioses: sein Geschmack erinnert dann an Meeresfrüchte.
- Achten Sie beim Trocknen darauf, dass Sie die Pflanzen nicht feucht sammeln oder waschen.
- Sie sollten sie in kleinen Sträußchen kopfüber aufhängen oder auf einem Rost, Netz oder Tuch ausbreiten und an einem warmen, trockenen Ort im Haus trocknen (draußen ziehen sie nachts immer wieder Luftfeuchtigkeit). Bevor Sie die Kräuter zur Aufbewahrung in Dosen oder Gläser füllen, sollten sie wirklich stohtrocken sein.
- Kontrollieren Sie immer wieder, ob sich nicht doch Schimmel gebildet hat, der ist äußerst ungesund.

Wenn Beifuß an einem sonnigen Tag gesammelt wird, eignet er sich gut zum Trocknen.

Neben dem Trocknen und Einfrieren gibt es aber noch weitere Möglichkeiten der Konservierung. Rezepte dazu finden Sie auf den folgenden Seiten.

Länger genießen

Nicht immer kann man alles Gesammelte gleich konsumieren. Zudem ist es schön, auch neben der Saison Wildpflanzen im Kühlschrank zu haben oder eine Kostprobe verschenken zu können. Gut, dass es konservierende Rezepte gibt, die sich geschmacklich lohnen.

Salzige Kräutermischung

- 6 Teile Wildkräuter
- 1 Teil Salz

Kräuter fein hacken, Salz zugeben und eine halbe Stunde stehen lassen. Während dieser Zeit mehrmals rühren. Dann in ein sauberes Glas füllen und im Kühlschrank aufbewahren. Von dieser Mischung können Sie teelöffelweise Kräuter entnehmen und für Salate, Suppen und Soßen gut verwenden. Bedenken Sie aber, dass die Kräuter schon ordentlich gesalzen sind. Hält etwa 4 Monate.

Kapern aus wilden Knospen

- Knospen von Gänseblümchen, Bärlauch oder Löwenzahn
- weißer Balsamicoessig
- Wasser
- Salz

Knospen in einen Topf geben, mit ungefähr 2/3 Essig und 1/3 Wasser gut bedecken, kräftig salzen und 5 Minuten kochen lassen. Heiß in Gläser füllen und mindestens 1 Woche durchziehen lassen. So halten sie sich etwa 1 Jahr.

Mehr Würze in die Kapern

Sie können alle möglichen Gewürze mit in den Sud geben. Wie wäre es mit Senfkörnern, Dill, Estragon, Zwiebeln, Knoblauch, Chili, Ingwer, Paprika?

Pesto

- 50 g Wildkräuter (dürfen nicht nass sein)
- 2 EL leicht geröstete Pinien- oder Walnusskerne
- 2 EL fein geriebener Parmesan
- etwa 150 ml Olivenöl
- 1 gestr. TL Salz

Alles fein vermixen, in ein sauberes Glas füllen und immer gut mit Olivenöl bedeckt im Kühlschrank lagern. Idealerweise sollte das Pesto innerhalb von 4 Monaten aufgebraucht werden. Wenn Sie Käse und Pinienkerne weglassen, hält es sich leicht 10 Monate.

Holleressig

- Holunderblüten
- Weißweinessig
- Wasser

Ein verschließbares Glas höchstens zu 4/5 mit Holunderblüten füllen (etwa 2 Handvoll passen in ein 500-ml-Glas), dabei müssen die Blütenschirme leicht gedrückt werden. Das Glas zu zwei Drittel mit Weißweinessig und zu einem Drittel mit Wasser füllen, verschließen und an einem dunklen Ort etwa 6 Wochen stehen lassen. Nach dieser Zeit ist der Essig fertig und Sie können ihn durch ein Geschirrtuch abseihen und in Flaschen füllen. Fertig ist ein milder, leicht blumig schmeckender Essig, der zu vielen Salaten und in Soßen und Suppen passt. Er ist 1 Jahr haltbar.

Hollersirup

- 3 l Wasser
- 2 kg Zucker
- 3 unbehandelte Zitronen
- 50 g Zitronensäurepulver
- etwa 30 Holunderblütenschirme

In einem großen Topf den Zucker im Wasser auflösen und das Gemisch zum Kochen bringen, dann den Topf wieder vom Herd nehmen. Zitronen in Scheiben schneiden und mit der Zitronensäure und den Blüten ins Zuckerwasser geben. Das Ganze auf Zimmertemperatur abkühlen lassen und für eine Woche in den Kühlschrank stellen. Nach dieser Zeit den fertigen Sirup durch ein Tuch seihen und in heiß ausgespülte Flaschen füllen.
Ein Schuss von diesem Sirup verleiht kühlem Wasser, Weißwein oder Sekt einen unnachahmlich blumig-frischen Geschmack.
Ein paar Tipps für Ihre Sirupküche:

- Statt der Zitronen können Sie auch Limetten nehmen, die geben dem Sirup eine besondere Note.
- Die durchgezogenen Zitrusfrüchte können Sie dann ganz klein hacken und zum Beispiel für Zitronenkuchen verwenden.

- Besonders praktisch ist ein Spargeltopf mit Einsatz, da können Sie das Gros Blüten am Ende bequem aus dem Sirup holen.

Löwenzahnsirup

- 2 Handvoll Löwenzahnblüten
- 2 Tassen Wasser
- 2 Tassen Zucker

Blüten mit dem Wasser wenige Minuten aufkochen, über Nacht stehen lassen und Flüssigkeit abseihen. Den Sud mit dem Zucker kochen bis er gut eingedickt ist und noch heiß in saubere Gläser füllen. Schmeckt auf einem Butterbrot oder in Tee, Desserts und Salatdressings.

Blütengelee „Indie“

- 100 g Blüten des Indischen Springkrauts
- 1 l Wasser
- 500 g Gelierzucker 3:1
- 15 g Agar Agar
- 5 g Zitronensäure

Blüten in Wasser aufkochen und wieder abkühlen lassen. Gelierzucker, Agar Agar und Zitronensäure in den erkalteten Sud einrühren und das Ganze 4 Minuten kochen lassen, während der weiße Schaum abgeschöpft wird. Abgekühlt direkt aufs Brot geben oder noch heiß in saubere Gläser füllen.

Knöterich-Relish

- 4 Teile junge Sprosse des Japanischen Knöterichs
- 1 Teil Karotten, in feine Streifen geschnitten
- 1 Teil rote Zwiebeln, fein gewürfelt
- Chilisoße (Asialaden) nach Belieben
- Salz, Pfeffer, frischer Knoblauch und Ingwer

Den in feine Ringe geschnittenen Knöterich mit Karottenstreifen und Zwiebeln in etwas Pflanzenöl anschwitzen. Je nach gewünschter Schärfe mit Chilisauce würzen und etwas einkochen lassen. Mit Salz, Pfeffer und fein geschnittenem Knoblauch und geriebenem Ingwer abschmecken und noch einmal kurz aufkochen lassen. In saubere Gläser füllen. Passt gut als Grundlage für asiatische Reisgerichte oder als Soße zu Fleisch.

Fichtenhonig

- Fichtenspitzen
- Rohrzucker (1 kg auf 1 l Sud)

Die Fichtenspitzen in einen Topf geben, knapp mit Wasser bedecken und 3-mal aufkochen lassen. 2 Tage an einem kühlen Ort ziehen lassen und danach durch ein Tuch abseihen. Den Sud mit dem Zucker so lange einkochen, bis er honigartig dick wird – das kann bis zu 5 Stunden dauern. Schmeckt als Brotaufstrich oder im Tee und ist wohltuend bei Husten und Erkältungen.

Frisch gemischt

Ob in Aufstrichen, Suppen, Bratlingen und Eierspeisen – wie viele Pilze ergeben frische Wildkräuter oft als Mischung einen wunderbar runden Gesamtgeschmack. Optischer Höhepunkt sind da natürlich die Blüten. Viel Spaß beim Kombinieren und Ausprobieren!

Frühlings-Kräuterbutter

- 100 g Frühlingskräuter (zum Beispiel Bärlauch, Giersch und Gänseblümchen)
- 1 EL Zitronensaft
- 125 g weiche Butter
- Salz

Kräuter hacken und mit dem Zitronensaft und dem Salz unter die Butter mengen. Mit Gänseblümchen, Löwenzahn- oder Wiesenschaumkrautblüten verzieren. Passt gut zu Gemüse, Kartoffeln oder aufs Brot.

Sommer-Kräuterbutter

- 100 g Sommerkräuter (zum Beispiel Sauerampfer, Thymian und Dost)
- 1 EL Weißwein
- 125 g weiche Butter
- Salz

Kräuter hacken und mit Wein und Salz unter die Butter mengen. Zum Beispiel mit Dostblüten verzieren. Schmeckt besonders gut zu gegrilltem Fisch, Fleisch oder Gemüse.

Herbst-Kräuterbutter

- 100 g Herbstkräuter (zum Beispiel Löwenzahn, Brennessel, Giersch und Gundermann)
- 1 gestr. EL Tomatenmark
- 125 g weiche Butter
- Salz und Pfeffer

Kräuter hacken und mit Salz und Pfeffer unter die Butter mengen. Zum Beispiel mit Taubnesselblüten, Löwenzahnblüten oder kleinen Gundermannblättern verzieren. Lecker zu deftigen Brotzeiten oder Pasta.

Frische Noten

Zitronensaft, Zitronenmelisse, Zitronenverbene, Ingwer, Weißwein und Essig tun Wildkräutern gut. Sie runden den oft etwas herb-bitteren Geschmack angenehm ab. Nur zu viel nehmen dürfen Sie nicht, sonst schmeckt man nichts mehr von der Natur.

Wildkräutersoufflé

Für 3–4 Personen:

- 60 g Butter
- 40 g Mehl
- 6 getrennte große Eier
- 100 g geriebener Emmentaler
- 80 g gehackte Wildkräuter
- Salz und Pfeffer
- 100 g Saure Sahne

Butter in einem Topf schmelzen lassen und Mehl einrühren, dann vom Herd nehmen und mit Eigelb, Käse, Kräutern, Salz und Pfeffer verrühren. Den Schmand zugeben, die Masse auf kleiner Flamme unter Rühren eindicken lassen und wieder vom Herd nehmen. Eiweiß zu einem festen Schnee schlagen und nach und nach unter die Masse heben.

Das Ganze in eine gefettete Souffléform geben und 180–190 °C im Backofen für 15 Minuten backen. Erhöhen Sie nach dieser Zeit die Temperatur für 5 Minuten auf 250 °C, damit das Soufflé oben goldbraun wird.

Sofort servieren, zum Beispiel mit einem Salat.

Wichtig: Während des Backens den Ofen nicht öffnen, sonst fällt es zusammen.

Wildkräuterpfannkuchen

Für 2 Personen:

- 80 g Mehl
- 1 Ei
- 175 ml Milch
- 2 Prisen Salz, etwas Pfeffer
- 30–40 g Wildkräuter

Aus Mehl, Ei, Milch, Salz und Pfeffer einen glatten Teig rühren. Dann die Kräuter fein hacken und unter den Teig rühren. Pfannkuchen in Öl ausbacken und zum Beispiel mit etwas Parmesan genießen.
Wer's mag: Ein Schuss Bier im Teig gibt diesem eine feinherbe Note.

Neunkräutersuppe

Für 4 Personen:

- je 1 Handvoll von 9 verschiedenen Frühlingskräutern (Bärlauch, Giersch, Brennessel, Gänseblümchen, Gundermann, Taubnessel, Löwenzahn, Knoblauchsrauke, Spitzwegerich)
- 1 Zwiebel
- 1 EL Mehl
- 100 ml Weißwein
- mindestens 200 ml Wasser oder Milch
- 100 g Schmand
- Salz, Pfeffer

Kräuter fein hacken und beiseite stellen. Die Zwiebel fein würfeln, in etwas Butter glasig dünsten und mit Mehl bestäuben. Umrühren und mit Weißwein ablöschen. Kräuter und Wasser oder Milch zugeben und 15 Minuten köcheln lassen. Am Schluss mit Schmand und Wasser oder Milch auf die gewünschte Konsistenz bringen und mit Salz und Pfeffer abschmecken.

Sauerampfer und „Falsche Pilze“

Nehmen Sie statt der 9 Wildkräuter einfach Sauerampfer und tauschen Sie den Schmand durch Saure Sahne aus. Fertig ist die Sauerampfersuppe. Wenn Sie nur Spitzwegerich nehmen und das Ganze 25 Minuten köcheln lassen, bekommen Sie eine leicht bittere, nach Pilzen schmeckende Suppe.

Kandierte Blüten

- 1 Eiweiß
- 2 Handvoll Blüten
- etwas feiner Zucker

Eiweiß leicht schlagen und mit einem Pinsel die Veilchenblüten sanft bestreichen. Über diese den Zucker streuen und bei 50 °C im geöffneten Backofen trocknen. Solche Blüten zieren allerlei Süßspeisen und fruchtige Salate. Sie halten sich in einem gut verschlossenen Gefäß etwa 2 Wochen.

Wildkräutertaler

Für 4 Personen:

- 100 g frische Wildkräuter
- 3 Eier
- 200–250 g Semmelbrösel
- 1/8 l Milch
- nach Belieben etwas Käse, fein gerieben

Eier verrühren, Kräuter fein hacken und mit Semmelbröseln, Milch und Käse nach Wunsch in einer Schüssel verrühren. In reichlich Öl etwa 1 EL große Taler anbraten. Schmecken besonders fein zu Salat und Joghurtsoße.

Auf zum Heil-kräutersammeln

Sie wachsen überall

Es ist wie im Paradies! Egal, ob Sie in der Stadt oder auf dem Land wohnen: Kaum draußen, schon treffen Sie auf die ersten Heilpflanzen. Ob Gänseblümchen oder Löwenzahn, fast alle „Unkräuter“ haben heilende Kräfte. Sie können sofort mit der kostenlosen Ernte beginnen.

Warum eigentlich Heilpflanzen sammeln?

Hunderttausende Jahre lang waren Heilkräuter das einzige Arzneimittel der Menschheit. Der Siegeszug der synthetischen Arznei begann erst vor etwa 100 Jahren. Aber warum sollten wir zurück in die Steinzeit? Die Regale der Apotheken sind doch voll mit wirksamen Heilmitteln! Ganz einfach: Selber Sammeln macht Spaß, verschafft uns Bewegung an der frischen Luft und entfernt uns vom Alltagsstress.

Wer hätte das gedacht: Das Gänseblümchen ist auch eine Heilpflanze!

Tee als Medizin ist Natur pur, vom Menschen seit Jahrtausenden erfolgreich genutzt, und garantiert frei von künstlichen Stoffen. Außerdem sind Tees und Tinkturen aus selbst gesammelten Pflanzen von unschlagbarer Qualität. Wenn es richtig gemacht wird, sind sie voller Wirkstoffe und besser als jedes gekaufte Produkt. Wie das geht, können Sie hier nachlesen.

Setzen Sie die Kräuterbrille auf!

Auf den ersten Blick ist alles einfach nur grün. Wenn Sie aber beginnen, sich für Pflanzen zu interessieren, werden Sie erstaunt sein, wie viele Heilkräuter um uns herum gedeihen. Beim Spaziergang, beim Joggen oder beim Radfahren warten immer neue Überraschungen auf Sie. Wenn Sie einmal Feuer gefangen haben, möchten Sie bald kaum noch ohne Bestimmungsbuch in die Natur gehen.

Beim Waldspaziergang begegnet Ihnen das Schmalblättrige Weidenröschen.

Jedem sein Zuhause

Heilpflanzen besiedeln unterschiedliche Lebensräume, so dass Sie bei einem Waldspaziergang nur einige der in diesem Buch beschriebenen Pflanzen entdecken werden. Hier finden Sie bestimmt Brennnesseln, Brombeeren, Goldrute und Weidenröschen. Aber ganz egal in welchem Lebensraum Sie Ihre Sammeltour beginnen, überall werden Sie fündig.

Im Garten wächst oft so manches Würzkraut oder Zierpflänzchen, das sich überraschend als Heilpflanze entpuppt: Rosmarin stärkt das Herz, Thymian wirkt wie ein Antibiotikum, die hübsche Ringelblume ist Balsam für die wunde Haut und der duftende Lavendel bringt angenehme Träume.

Selbst Pflanzen, die Sie bisher vielleicht als „Unkräuter" betrachtet haben, weil sie sich in Rasenflächen und auf Gartenwegen ausbreiten, verwandeln sich plötzlich in heilkräftige Pflanzen. Der Löwenzahn bekämpft Appetitlosigkeit und das Gänseblümchen bringt den Stoffwechsel in Schwung.

Auf Wiesen und an Wegrändern treffen Sie wieder auf andere Heilpflanzen. Hier finden Sie häufig den hustenstillenden Spitzwegerich oder die krampflösende Schafgarbe.

Wo darf man sammeln?

Wildpflanzen dürfen Sie beinahe überall sammeln, solange es ein großer Handstrauß oder ein Körbchen voll bleibt. Sie können direkt am Wohnort beginnen: im eigenen Garten oder auf der Rasenfläche. Hier gibt es natürlich keine Mengenbegrenzungen.

Nützliches mit Nützlichem verbinden

Viele Heilpflanzen, wie die Kamille, enthalten duftende ätherische Öle.

Am schönsten ist es, in der freien Natur zu sammeln, fernab von Lärm und Trubel, denn dort wird die Sammeltour zur reinen Erholung. Im Idealfall ziehen Sie mit Familie, Freunden oder Kindern los und erkunden die umliegenden Wiesen und Wälder.

Eine Ausnahme gibt es jedoch: In Naturschutzgebieten darf nicht gesammelt werden. Auch in den erlaubten Sammelgebieten lassen Sie natürlich immer genügend Pflanzen stehen, um den Fortbestand zu sichern. Nehmen Sie nur so viel mit nach Hause wie Sie auch verarbeiten können.

Aber bitte ohne Gift!

Heilpflanzen sollen uns gesund machen. Darum müssen sie so unbelastet wie möglich sein. Abgase und chemische Spritzmittel haben dabei nichts zu suchen. Halten Sie deshalb genügend Abstand zu stark befahrenen Straßen, gespritzten Feldern und Bahndämmen. Und noch ein ganz bestimmtes „Örtchen“ sollten Sie meiden: Die klassischen Gassi-Wege gehören besser nicht zu Ihrer Sammelroute.

Vorsicht Spritzmittel: Klatschmohn und Kamille wachsen häufig an Ackerrändern.

Zecken und Fuchsbandwurm

Es wird immer wieder vor zwei Gefahren gewarnt, die in der Natur auf uns lauern: Zecken und der Fuchsbandwurm. Das soll Ihnen jedoch nicht die Lust am Kräutersammeln verderben. Mit entsprechenden Maßnahmen sind Sie auf der sicheren Seite. In zeckenreichen Gegenden können Sie die kleinen Krabbeltiere mit Anti-Zeckenspray auf Distanz halten. Außerdem wird der Körper nach der Sammeltour gründlich abgesucht. Nicht gerade modisch, aber effektiv: Lange Hosen anziehen und von unten die Socken drüberziehen.
Der Fuchsbandwurm wird immer wieder mit wild gesammelten Kräutern und Beeren in Verbindung gebracht. Diese gefährliche Infektion ist allerdings äußerst selten. Neueste Erkenntnisse zeigen, dass kein Zusammenhang zwischen dem Genuss von Wildpflanzen und einem höheren Infektionsrisiko besteht. Inzwischen weiß man auch, dass die Infektion meist über Hunde und Katzen auf uns Menschen übertragen wird. Außerdem werden die Erreger bei Temperaturen über 60 Grad abgetötet, so dass sich das Problem beim Teeaufbrühen ohnehin erledigt.

Kräuter richtig sammeln

Jetzt kann's losgehen

Auch wenn uns der Sammeltrieb in den Genen sitzt, ein bisschen Know-How ist kein schlechter Rat. Ein paar Vorüberlegungen sollten Sie also anstellen, damit die Heilpflanzen in guter Qualität zu Hause ankommen und damit auch keine Giftpflanze im Körbchen landet.

Die Outdoor-Ausrüstung

Bevor es losgeht, stellen Sie Ihre Ausrüstung zusammen: **Schere oder Messer** zum Ernten oberirdischer Pflanzenteile, **Wurzelstecher** für Wurzeln sowie eventuell **Handschuhe** für stachelige Pflanzen. Als Transportbehälter eignen sich am besten luftige **Körbchen**, die nur locker bepackt werden, damit die Kräuter keine Druckstellen bekommen. Plastiktüten kommen nicht in Frage, denn darin beginnen die Kräuter zu schwitzen und sich zu zersetzen. Sie wollen schließlich beste Qualität nach Hause tragen! Ein **Bestimmungsbuch** vervollständigt die Sammelausrüstung, damit Sie bei jedem Fund wissen, mit wem Sie es zu tun haben.

Wie ernte ich richtig?

Die Auslese beginnt schon beim Sammeln. Am besten legen Sie die Pflanzen nach Arten getrennt in den Korb, so sparen Sie sich später viel Sortierarbeit beim Verarbeiten. Nur saubere und gesunde Heilpflanzen landen im Körbchen.

Vorsichtig ernten

Ernten Sie behutsam, denn alle Verletzungsstellen an den Pflanzenteilen führen zu Wirkstoffverlusten. Es ist wie bei einem angeschnittenen Apfel, der langsam braun wird und damit anzeigt, dass Vitamine verloren gehen.

Haben Sie eine Heilpflanze entdeckt, dann schauen Sie im Who-is-who-Kapitel ab Seite 140 nach, welche Pflanzenteile genutzt werden. Wenn Sie nur die Blüten benötigen, werden diese vor Ort vorsichtig abgezupft. Falls Sie eine Pflanze finden, von der Sie Blätter und Blüten oder nur Blätter benötigen, dann schneiden Sie die Pflanze eine Handbreit über dem Boden ab und erledigen die Zupfarbeit zuhause.

Beim Ernten der stacheligen Brombeerblätter sind Handschuhe ratsam.

Pflanzen näher kennenlernen

Wenn Ihnen eine Pflanze besonders sympathisch ist, dann versuchen Sie doch einmal mehr über sie zu erfahren. Es gibt nicht nur Bestimmungsbücher, um Heilpflanzen kennenzulernen. Heilpflanzen sind ein Teil der Menschheitsgeschichte. Dementsprechend gibt es unzählige spannende Themen: Wie wurden sie in früheren Zeiten angewendet? Welche Funktion hatten die hilfreichen Kräuter in Zauberei, Aberglaube und Brauchtum? Dazu gibt es wunderbare Heilpflanzenbücher, mit denen Sie Ihren Wissensdurst stillen können. Ab Seite 444 sind einige davon vorgestellt.

Sorgfältig bestimmen

Sie haben also Ihre erste Heilpflanze gefunden. Das Bild im Bestimmungsbuch lässt meist keinen Zweifel zu: Hier kann geerntet werden! Zum zuverlässigen Bestimmen benötigen Sie jedoch eindeutige Merkmale. Diese können Sie am Aussehen von Stängel, Blättern und Blüten überprüfen.

Step by Step

Die Pflanzen in diesem Buch sind nach Blütenfarben sortiert und so leicht auffindbar. Lesen Sie die Beschreibung aufmerksam durch und vergleichen Sie jedes Merkmal mit Ihrem Fund. Es ist gut, wenn Sie sich beim Sammeln zunächst auf wenige Arten konzentrieren; vor allem auf solche, die häufig vorkommen und sicher zu erkennen sind. Die in diesem Buch vorgestellten Pflanzen wurden so ausgewählt, dass eine Verwechslung mit Giftpflanzen nahezu unmöglich ist. Trotzdem gilt: Wenn Sie sich nicht ganz sicher sind, lassen Sie die Pflanze stehen!

Damit Sie sich ganz sicher sind

Jede Pflanzenart hat charakteristische Merkmale, an denen man sie eindeutig bestimmen kann. Diese typischen Kennzeichen finden sich an **Stängeln, Blättern und Blüten**. Um sie zu beschreiben, werden in den Bestimmungsbüchern bestimmte Fachbegriffe genutzt,

Expertenhilfe

Für Neulinge kann es sehr hilfreich sein, an einer geführten Heilpflanzen-Exkursion teilzunehmen und so einige Arten direkt am Naturstandort kennenzulernen.

Die Pfefferminze hat länglich-eiförmige Blätter mit gesägtem Blattrand.

von denen Sie einige kennen sollten. Auf der folgenden Doppelseite finden Sie die Begriffe in Fotos dargestellt, so dass Sie leicht damit arbeiten können.

Die kleinen Lippenblüten der Pfefferminze stehen ährenartig an der Stängelspitze.

Blätter und Blüten

Die **Formen der Blätter** können sehr vielgestaltig sein, z. B. länglich, oval oder gefiedert. Es gibt glatte oder gesägte **Blattränder** und auch die **Blattbehaarung** kann zur Bestimmung nützlich sein.
Ebenfalls wichtige Kennzeichen liefern die **Blüten**. Manche Pflanzen besitzen einzelne Blüten, aber oft sind auch mehrere Blüten zu einem charakteristischen **Blütenstand** vereinigt. Dann spricht man je nach Form von Dolden, Rispen oder Ähren.
Wenn Sie sich eine **Einzelblüte** genauer anschauen, werden Sie entdecken, dass sie sich in verschiedene Teile gliedert. Den unteren Kreis bilden die meist grünen Kelchblätter, die die Blüte im Knospenstadium schützend umschließen. Dann folgen die oft farbigen Blütenblätter und schließlich kommen die Staubblätter, die den Blütenpollen tragen. In der Mitte der Blüte befindet sich der Fruchtknoten mit Griffel und Narbe.

Erste Hilfe beim Identifizieren

Sie werden sehen: Sehr schnell bekommen Sie einen „mikroskopischen Blick“ für Ihre Pflanze: Hat sie Härchen am Stängel? Ist der Blattrand gekerbt oder ganzrandig? Wie viele Blütenblätter hat die Blüte? Hier finden Sie einige Pflanzenarten, die Ihnen viele verschiedene Merkmale zeigen.

Holunder

- Die Blätter sind gefiedert, also aus mehreren Einzelblättern zusammengesetzt.
- Die Einzelblätter sind eiförmig, der Blattrand gesägt.
- Viele kleine Einzelblüten bilden einen doldenartigen Blütenstand.
- Die Blütenblätter sind weiß, die Staubblätter gelb.

Gundermann

- Die Blätter sind rundlich bis herzförmig.
- Der Blattrand ist grob gekerbt.
- Die violetten bis blauen Lippenblüten sitzen über den oberen Blattpaaren.

Frauenmantel

- Die Blätter sind rundlich bis nierenförmig und 7- bis 11-fach gelappt.
- Der Blattrand ist mit zugespitzten Zähnchen besetzt.
- Die gelbgrünen Blüten stehen in knäuelartigen Rispen zusammen.

Gänseblümchen

- Die Blätter sind spatelförmig.
- Der Blattrand ist gekerbt.
- Die Blütenstände (Korbblüten) haben außen weiße Zungenblüten und innen kleine gelbe Röhrenblüten.

Blutwurz

- Die Blätter sind dreiteilig gefingert mit zwei zusätzlichen kleinen Nebenblättern.
- Der Blattrand ist grob gesägt.
- Die Blüte besitzt vier eingebuchtete gelbe Blütenblätter und zahlreiche Staubblätter.

Nur reife Kräuter ins Körbchen

Eine grüne Erdbeere reizt nicht unseren Gaumen, weil ihr die typischen Aromen einer reifen Frucht fehlen. Heilkräuter werden zwar nicht rot, aber sie haben trotzdem einen Zeitpunkt, an dem die von uns gewünschten Heilstoffe in großer Zahl vorhanden sind. Das ist der optimale Erntezeitpunkt!

Wann sind Heilpflanzen reif?

Jede Pflanze hat ihren eigenen Ernte-Rhythmus. Einige wenige müssen vor der Blüte geerntet werden, damit sie viele Wirkstoffe bereithalten. Die meisten Kräuter werden für den Heilpflanzensammler erst interessant, wenn sie zu blühen beginnen. So haben beispielsweise alle Minzen bei Blühbeginn das stärkste Aroma und den schönsten Duft. Wurzeln werden erst geerntet, wenn sich die Pflanze im späten Herbst in den Boden zurückzieht. Mit einer kleinen Ausnahme: Löwenzahnwurzeln sind im März besonders gehaltvoll. Im Artenteil finden Sie unter „Sammelzeit“ die optimalen Erntezeiten.

Ein Hoch auf die Langschläfer!

Die Produktion der Wirkstoffe in der Pflanze ist eng verbunden mit der Fotosynthese, diese wiederum mit dem Licht. Die Sonne ist der Garant für gute Heilpflanzen. Mithilfe des Sonnenlichtes produziert die Pflanze in ihrem „Chemielabor“ jene Stoffe, die wir zum Heilen benötigen. Deshalb verändert sich während des Tages beständig der Wirkstoffgehalt in den Pflanzen.

Sie können nichts falsch machen, wenn Sie genüsslich ausschlafen. Denn vor 10 Uhr ist kaum eine Pflanze richtig auf Touren. Die beste Sammelzeit liegt grob über den Daumen gepeilt zwischen 10 und 16 Uhr. Später nehmen die Wirkstoffe wieder ab. Wie immer in der Natur gibt es einige Außnahmen: Königskerzen- und Klatschmohnblüten werden schon morgens um 9 Uhr gepflückt, denn mittags werden sie schlaff und fallen ab. Einige Pflanzen blühen erst in der Nacht. Deshalb müssen Sie bis 20 Uhr warten, um die leckeren gelben Blüten der Nachtkerze zu pflücken.

Die Blüten der Königskerze müssen schon frühmorgens gepflückt werden.

Regenschirm bleibt zuhause

Wie schön, dass Heilkräuter Sonnenkinder sind. Bei Regenwetter produzieren sie kaum Wirkstoffe. Nutzen Sie aber lieber Erntetage, die nicht zu heiß sind; ein leicht bewölkter Tag ist ideal. Denn wenn die Sonne richtig brennt, dann verdunsten die in den Pflanzen enthaltenen ätherischen Öle. Diese Duftstoffe der Pflanzen sind gleichzeitig wichtige Heilstoffe, und die wollen Sie ja mit nach Hause nehmen.

Rechtzeitig ernten

Manche Blüten verwelken schon wenige Stunden nach dem Aufblühen. Hier müssen Sie zur richtigen Zeit zur Stelle sein. Es gibt aber auch langlebige Blüten, bei denen Sie sich mit dem Pflücken einige Tage Zeit lassen können (Kamille, Ringelblume, Schafgarbe).

Korb gefüllt – jetzt wird verarbeitet

Die Ernte schonend verarbeiten

Hustentee benötigt man meist dann, wenn draußen keine frischen Kräuter mehr verfügbar sind. Aber Sie können Ihre Ernte so konservieren, dass Sie ganzjährig davon profitieren. Hier finden Sie Tipps, wie Sie die Pflanzenpower bestmöglich haltbar machen.

Kleine Konserven

Die geernteten Kräuter werden – möglichst ungewaschen – gleich nach dem Sammeln getrocknet. Stundenlanges Herumstehen schadet der Qualität. Der Trick: **Zerkleinern Sie die Kräuter nicht!** Sie lagern ja auch keine kleingeschnittenen Kartoffeln oder Äpfel im Keller ein, weil diese sonst verderben würden. Zwar verderben getrocknete Kräuter nicht, aber wenn sie kleingeschnitten werden, verlieren sie an den Schnittstellen unglaublich viele Duft- und Heilstoffe. Ganze Blätter und ganze Blüten sind wie kleine Konserven, die die Wirkstoffe so lange aufbewahren, bis sie gebraucht werden.

Bei Pflanzen mit großen Blättern streifen Sie die Blätter von oben nach unten vom Stängel. Sind es Pflanzen mit nur kleinen Blättchen, dann können ganze Zweigstücke (etwa 10 cm lang) getrocknet werden.

Warm, schattig und luftig

Trocknen Sie die unzerkleinerten Blätter und Blüten an einem warmen und schattigen Ort. Direktes Sonnenlicht zerstört viele Wirkstoffe. Blätter, Blüten oder Zweige werden auf Trockenrahmen ausgebreitet. Solche Rahmen können Sie selbst herstellen. Als Bespannungsmaterial eignen sich dünner Baumwollstoff oder Fliegengaze. Sie können auch improvisieren: Legen Sie über einen Wäscheständer ein dünnes Baumwoll- oder Seidentuch und breiten Sie darauf Ihre gesammelten Schätze aus. Damit überall Luft dran kommt, wird locker aufgelegt, am besten Blatt an Blatt und Blüte an Blüte. Das Trocknen sollte möglichst schnell vonstatten gehen, damit die pflanzlichen Enzyme nicht mit der Zersetzungsarbeit beginnen können. Wenn der Tee nach einer Woche noch nicht trocken ist, sollten Sie ihn deshalb schnell im Backofen nachtrocknen: Das geht recht flott, aber die Temperatur darf nicht über 40 Grad steigen. Legen Sie ein Thermometer dazu und lassen Sie die Tür ganz leicht geöffnet, damit etwas Wärme und Feuchtigkeit aus dem Ofen entweichen können. Besonders für Wurzeln eignet sich die Ofenmethode. Sie werden in Scheiben geschnitten auf dem Backblech getrocknet. Selbstverständlich gibt es für die Kräutertrocknung auch elektrisch betriebene Haushaltsgeräte. Achten Sie auf schonende Trocknungstemperaturen unter 40 Grad. Richtig trocken sind die Kräuter, wenn sie zerbröselt werden können. Machen Sie die „Stängelprobe“: Wenn der Stiel eines Blattes oder eines Blütenköpfchens knackend bricht und nicht mehr biegsam ist, ist der Tee fertig!

Malvenblüten werden auf einem mit Gaze bezogenen Trockenrahmen ausgebreitet.

Schonend aufbewahren

Sind die Heilkräuter trocken, werden sie unzerkleinert abgefüllt. Sehr gut geeignet sind große Schraubgläser mit dichtem Verschluss. Darin ist der Tee vor Luftfeuchtigkeit und Lebensmittelmotten sicher. Wenn Sie keine Braungläser haben, dann bewahren Sie sie im dunklen Schrank auf, denn auch bei der Lagerung schadet Licht. Je kühler der Lagerort, desto besser die Haltbarkeit. Richtig gelagert können unzerkleinerte Kräuter 2 bis 3 Jahre aufbewahrt werden.

Nach dem Abfüllen werden die Gläser beschriftet, am besten mit dem Namen der Pflanze und dem Erntejahr.

Der guten Tinktur auf der Spur

Tee ist nicht das einzige Heilmittel, welches aus Pflanzen hergestellt werden kann. Sehr beliebt sind auch Tinkturen. Tinkturen sind alkoholische Auszüge. Sie sind besonders wirksam, da Alkohol hervorragend Wirkstoffe aus der Pflanze lösen kann. Die Herstellung ist einfach und preisgünstig. Verwenden Sie neutral

Durch Zerkleinern mit dem Mörser lösen sich die Heilstoffe besonders gut in der Tinktur.

schmeckende Spirituosen wie Wodka oder Korn. Nutzen Sie bei der Tinkturherstellung möglichst frische Pflanzen, sie sind gehaltvoller als getrocknete.
Schneiden Sie die frischen Pflanzen so klein wie möglich oder zermörsern Sie sie mit etwas Alkohol zu einem flüssigen Brei. Dann können die Wirkstoffe gut herausgelöst werden. In ein Schraubglas geben und vollständig mit Alkohol bedecken. Man benötigt etwa 30 g Pflanzen auf 100 ml Alkohol. Das verschlossene Glas bleibt eine Woche an einem warmen Platz stehen und wird mehrmals täglich umgerührt. Anschließend durch ein feines Sieb oder einen Kaffeefilter laufen lassen und in dunkle (Tropf-)Fläschchen abfüllen. Die Tinktur ist mindestens 2 Jahre haltbar. Es werden 3-mal täglich 10 bis 15 Tropfen eingenommen.

Wenn's schnell gehen soll

Wenn Sie schnell ein Hausmittelchen zur Hand haben wollen, dann nutzen Sie die Blitz-Methode:
Sie benötigen dazu einen Stand- oder Stabmixer. Mixen Sie die zerkleinerten Heilpflanzen mit dem Alkohol (30 g auf 100 ml) mindestens 3 Minuten lang. Durch das starke Zerschneiden und die heftige Bewegung werden die Wirkstoffe schnell und optimal herausgelöst. Das Ganze bleibt nun noch eine halbe Stunde stehen und wird dann gefiltert. Weil die Blitz-Tinktur sehr trübe ist, muss zunächst durch ein Feinsieb und dann durch einen Kaffeefilter oder ein Tuch abgesiebt werden.

Kräuterlikör

Aus einer Heilpflanzentinktur können Sie in Windeseile einen Kräuterlikör zaubern:
Dazu wird die Tinktur mit Zuckerlösung gesüßt. Diese stellt man sich im Verhältnis 1:1 aus Zucker und Wasser her (z. B. 200 ml Wasser und 200 g Zucker für 1 Liter Tinktur). Zucker wird im Wasser aufgelöst, kurz aufgekocht und abgekühlt zugefügt.

Brennnessel
Ringelblume

Das Who-is-who der Besten

Baldrian

Sammelzeit: Geerntet werden die Wurzeln von September bis Oktober. Gründlich waschen, in zentimetergroße Stückchen schneiden und in Heizungsnähe oder im Ofen trocknen.

Lieblingsort: An Bachufern, Gräben und auf feuchten Wiesen.

Kennzeichen: Bis zu 150 cm hohe Pflanze. **Stängel** ist rund, hohl und deutlich gefurcht. **Blätter** sind gefiedert, Teilblättchen stehen sich paarweise gegenüber, haben eine längliche Form und sind am Rand unregelmäßig gezähnt. **Blüten** weiß bis hellrosa, kleine trichterförmige Blüten stehen in schirmartigen Blütenständen. **Blüht** von Juni bis August.

Blatt

Wirkt ... entspannend, beruhigend und konzentrationsfördernd. Ein Tee oder eine Tinktur aus den Wurzeln ist hilfreich bei Stress, Schlafstörungen und Nervosität. Schmeckt und riecht etwas gewöhnungsbedürftig, deshalb mit Honig gesüßt trinken. Im Mittelalter wurde Baldrian in Wein kredenzt, um die Liebe zweier Menschen anzufachen. Schüchternen Männern empfahl man beim Rendevous ein Amulett aus Baldrianwurzeln zu tragen.

Rezept

Beruhigungsbad

- 100 g Baldrianwurzeln
- 1 Liter Wasser

Baldrian mit heißem Wasser übergießen und 10 Minuten ziehen lassen. Durch ein Sieb ins Badewasser gießen. Ideale Badetemperatur bei 37 °C, etwa 15 Minuten. Anschließend ruhen. Um die Wirkung zu verstärken, können Sie 5 Tropfen ätherisches Lavendelöl zugeben.

Extra Tipp

Aufgepasst beim Trocknen: Katzen werden vom Duft der getrockneten Wurzel magisch angezogen. Sie wälzen sich darin wie verrückt. Deshalb nur an Plätzen trocknen, wo Katzen keinen Zugang haben. Sonst gibt es Tee mit Katzenhaaren!

Schafgarbe

Sammelzeit: Geerntet wird das voll erblühte Kraut, am besten zur Mittagszeit. Schneiden Sie die oberen 15 cm der Blütenstände und streifen Sie Blüten und Blätter ab.

Lieblingsort: An Wegrändern, auf Wiesen und Weiden.

Kennzeichen: Bis zu 60 cm hohe Pflanze mit aromatischem Duft. **Stängel** ist kantig und behaart. **Blätter** federähnlich aus vielen Einzelblättchen zusammengesetzt, diese sind in sich nochmals geteilt (mehrfach gefiedert) und haben spitz zulaufende Enden. **Blüten** bilden doldenähnlichen Blütenstand, bestehen aus 4–6 weißen bis hellrosa Zungenblüten und gelblichen Röhrenblüten. **Blüht** von Juni bis Oktober.

Blätter

Wirkt ... krampflösend, entzündungshemmend, wundheilend und blutstillend. Tee und Tinktur werden gerne bei Magen-Darmstörungen und zur Versorgung kleiner Wunden genommen. Schafgarbe besitzt auch eine menstruationsregulierende Wirkung.
In der griechischen Antike war Schafgarbe ein wichtiges Wundheilkraut, mit dem die blutenden Kampfwunden der Krieger verarztet wurden.

Rezept

Sitzbad bei Menstruationsbeschwerden

- 50 g Schafgarbeblüten
- 50 g Kamillenblüten
- 1 Liter Wasser

Blüten mit heißem Wasser übergießen und 10 Minuten ziehen lassen. Durch ein Sieb ins Badewasser gießen. Ideale Badetemperatur bei 37 °C. Achten Sie darauf, dass Sie bis zum Bauchnabel im Wasser sitzen.

Wenn Sie empfindliche Haut haben, sollten Sie beim Pflücken der Schafgarbe Handschuhe tragen. In seltenen Fällen kann sie in Verbindung mit Sonnenlicht Hautreizungen (Wiesendermatitis) hervorrufen.

Taubnessel Weiße Taubnessel

Sammelzeit: Ernten Sie den oberen, blühenden Teil der Pflanze, am besten mittags. Blüten und Blätter anschließend vom Stängel streifen.

Lieblingsort: Auf Brachland sowie an Wald- und Wegrändern.

Kennzeichen: Die häufig anzutreffende Pflanze wird bis zu 50 cm hoch. **Stängel** ist vierkantig und hohl. **Blätter** brennnesselartig, herzeiförmig, behaart und am Rand gezähnt. **Blüten** cremeweiß, stehen quirlförmig in den Achseln der oberen Blätter. **Blüht** von April bis September.

Blätter brennnesselähnlich

Wirkt ... vor allem zusammenziehend, entzündungshemmend, schleimlösend und stoffwechselanregend. Den Tee nutzt man bei Husten, zum Gurgeln bei Entzündungen im Mund und für Umschläge bei Entzündungen der Haut. Eine lange Tradition hat die Taubnessel auch bei Menstruationsbeschwerden und bei Einschlafstörungen. Im Mittelalter galt sie als Pflanze, die das Herz fröhlich macht und die Lebensgeister weckt. Das sind doch gute Aussichten!

Rezept

Ein Tee zum Relaxen

- 2 Teile ausgezupfte Taubnesselblüten
- 2 Teile Melissenblätter
- 1 Teil Lindenblüten

Tee zerkleinern und 2 TL davon in eine große Tasse geben. Heißes Wasser darübergießen und 5 Minuten ziehen lassen. Der ideale Tee zum Entspannen, ohne müde zu werden.

Extra Tipp

Die ausgezupften, süßlich schmeckenden Blüten sind eine schöne Dekoration für Salate und Süßspeisen. Sie können auch die rotblühenden Taubnesselarten verwenden.

Melisse

Sammelzeit: Mitte Mai bis Anfang Juni. Ernten Sie die Blätter unbedingt, bevor die Pflanze zu blühen beginnt, sonst geht die Heilwirkung verloren. Schneiden Sie Melisse mittags eine Handbreit über dem Boden ab und streifen Sie die Blätter vom Stängel.

Lieblingsort: Melisse wird in Gärten kultiviert. Nach dem ersten Schnitt kann sie im Sommer noch ein zweites Mal geerntet werden.

Kennzeichen: Die bis 60 cm hohe Pflanze duftet zitronig. **Stängel** ist vierkantig. **Blätter** stehen sich paarweise gegenüber, sind länglich-eiförmig und am Rand teils gekerbt, teils gesägt. **Blüten** unscheinbar und weißlich, sitzen quirlartig über den oberen Blattpaaren. **Blüht** von Juni bis August.

Blüten

Wirkt ... beruhigend, entspannend, krampflösend und verdauungsfördernd. Tee und Tinktur helfen bei allen nervösen Beschwerden: Einschlafstörungen, Unruhe, Stress sowie nervöse Magen- und Herzbeschwerden.
Die südländische Melisse wurde von italienischen Benediktiner-Mönchen über die Alpen gebracht.

Rezept

Die Mischung macht's

Steuern Sie die Heilwirkung der Melisse durch Kombination mit anderen Pflanzen:
Schlaftee: 2 Teile Melisse, 1 Teil Lavendelblüten, 1 Teil Hopfen
Magentee: 2 Teile Melisse, 1 Teil Pfefferminze, 1 Teil Kamillenblüten
Herztee: 2 Teile Melisse, 1 Teil Weißdornblätter, 1 Teil Rosenblüten

Extra Tipp

Sind Sie mit Lippenherpes geplagt? Dann tupfen Sie, sobald die Bläschen auftreten, mehrmals täglich frischen Melissensaft auf die Lippen. Pflanzensaft tritt schon aus, wenn Sie die Blätter zwischen den Handflächen zerreiben.

Brombeere

Sammelzeit: Geerntet werden nur die jungen Blätter von April bis Juni. Handschuhe sind eventuell hilfreich, denn auch die Blätter sind bestachelt. Ernten Sie am frühen Nachmittag.

Lieblingsort: An Waldrändern, Lichtungen und Hecken.

Kennzeichen: Kräftig bestachelter Strauch mit langen, überhängenden Trieben. **Stängel** ist rund mit vielen gebogenen Stacheln. **Blätter** bestehen aus 3–7 eiförmigen Teilblättchen mit gesägtem Rand, oben sind sie grün und unten weißfilzig behaart. **Blüten** weiß bis hellrosa, in Rispen. **Blüht** von Juni bis August. Die schwarzen **Beeren** sind ein vitaminreicher Hochgenuss.

Wirkt ... zusammenziehend und entzündungshemmend. Den Tee nimmt man deshalb als Gurgelmittel bei Entzündungen in Mund und Rachen. Genutzt wird er auch bei Durchfallerkrankungen und zur Wundwaschung. Früher glaubte man, wer durch die dornigen Hecken kriecht, könne daran Krankheiten abstreifen. Stattdessen hat man sich wohl eher einige Kratzer geholt ...

Rezept

Gurgel-Mischung bei Halsentzündung

- 2 Teile Brombeerblätter
- 1 Teil Kamillenblüten
- 1 Teil Salbeiblätter

Tee zerkleinern und 2 TL davon in eine große Tasse geben. Mit heißem Wasser aufgießen, 10 Minuten ziehen lassen und abgekühlt damit gurgeln. Besonders hilfreich, wenn sich der Hals heiß und geschwollen anfühlt.

Extra Tipp

Brombeerblätter können Sie auch einfach nur genießen, denn sie erinnern mit ihrem mild-würzigen Aroma etwas an Schwarztee. Für Genusszwecke darf der Tee allerdings nicht länger als 5 Minuten ziehen.

Weißdorn

Sammelzeit: Ernten Sie Blüten und Blätter zu Beginn der Blütezeit. Am besten nachmittags, dann ist der Wirkstoffgehalt optimal.

Lieblingsort: In Hecken, an Waldrändern und auf Waldlichtungen.

Kennzeichen: Der Strauch wird bis zu 6 m hoch. **Zweige** sind mit langen, spitzen Dornen besetzt. **Blätter** sind 3–7-fach tief gelappt und auf der Oberfläche glänzend. **Blüten** haben 5 weiße Blütenblätter, riechen etwas unangenehm und stehen in doldenähnlichen Rispen zusammen. **Blüht** von Mai bis Juni.

Blätter und Früchte

Wirkt ... vor allem herzstärkend, indem es die Leistungskraft des Herzens erhöht. Außerdem wird die Durchblutung der Herzkranzgefäße gesteigert und der Blutdruck reguliert. Die ideale Pflanze für das Altersherz. Genutzt werden Tee und Tinktur.

Im Mittelalter war Weißdorn eine wichtige Heckenpflanze, die wegen ihrer Stacheln als schützender Zaun um Hof und Garten gepflanzt wurde.

Rezept

Tropfen fürs schwache Herz

- 30 g Weißdornblätter und -blüten
- 10 g Melissenblätter
- 150 ml Wodka oder Korn

Frische Kräuter fein zerkleinern und mit Alkohol übergießen, so dass alles bedeckt ist. 1 Woche ziehen lassen, täglich umrühren und abfiltern. 3-mal täglich 20 Tropfen einnehmen.

Extra Tipp

Weißdornmedikamente erreichen erst nach längerer Einnahmezeit eine optimale Wirksamkeit. Die Wirkung baut sich langsam auf. Deshalb sollten Sie Weißdorn kurmäßig über mehrere Monate einnehmen. Tinkturen sind wirksamer als Tee.

Holunder Schwarzer Holunder

Sammelzeit: Geerntet werden die voll aufgeblühten Blüten. Schneiden Sie die ganzen Dolden mit möglichst wenig Stängelanteil ab. Beste Erntezeit ist mittags. Die schwarzen Beeren werden in der Vollreife ab August geerntet.

Lieblingsort: An Waldrändern, in Hecken und Gärten.

Kennzeichen: Der Strauch kann 7 m hoch werden. **Zweige** sind mit weißem Mark gefüllt. **Blätter** sind gefiedert, die 5–7 Teilblättchen sind eiförmig und am Rand gesägt. **Blüten** stehen doldenartig zusammen, sie sind cremeweiß und haben gelbe Staubbeutel. **Blüht** von Mai bis Juni.

Aufgepasst! Schwarzer Holunder kann mit zwei schwach giftigen Verwandten verwechselt werden: **Zwergholunder** wird höchstens 150 cm hoch und hat aufrecht stehende Blütenstände mit purpurnen Staubbeuteln. **Traubenholunder** hat traubenförmige Blütenstände und rote Beeren.

Zwerg-Holunder

Traubenholunder

Wirkt ... schweißtreibend, schleimlösend und stärkt die Abwehrkräfte. Der Tee ist deshalb ideal bei fiebrigen Erkältungen und Husten. Weil er den Stoffwechsel anregt, wird er auch bei Hautunreinheiten getrunken. Die Beeren sind sehr vitaminreich. Roh sind sie leicht giftig!

Rezept

Schwitztee

- 2 Teile Holunderblüten
- 1 Teil Lindenblüten

Tee zerkleinern und 2 TL in eine große Tasse geben. Heißes Wasser dazu und 5 Minuten ziehen lassen. Bei Erkältungen möglichst heiß trinken, ins Bett legen und schwitzen. Ideal auch kurz vor dem Saunieren.

Extra Tipp

Die herb-fruchtigen Holunderbeeren eigenen sich vorzüglich für Saft und Gelee. Mischen Sie zur Verfeinerung etwas Birnen- oder Apfelsaft dazu. Aus dem Saft können Sie durch Zugabe von Gewürzen wie Zimt einen alkoholfreien Glühwein herstellen. Beeren nicht roh essen!

Gänseblümchen

Sammelzeit: Ernten Sie die geöffneten Blüten während der Blütezeit. Sie können auch Blätter verwenden. Diese wachsen sehr nah am Boden; achten Sie darauf, saubere zu erwischen. Optimale Erntezeit ist mittags.

Lieblingsort: Auf Wiesen, Weiden und Rasenflächen.

Kennzeichen: Die Pflanze wird bis 15 cm hoch. **Stängel** ist rund und behaart. **Blätter** sind spatelförmig und am Rand gekerbt. **Blüten** haben außen weiße bis zart rötliche Zungenblüten und innen gelbe Röhrenblüten. **Blüht** fast ganzjährig von März bis November.

Wirkt ... stoffwechselanregend, harntreibend und schleimlösend. Tee und Tinktur nutzt man deshalb zu Frühjahrskuren, bei Hautunreinheiten und Husten. Kleine Verletzungen, Insektenstiche und Prellungen können Sie mit dem Saft der frisch zerquetschten Blätter lindern. Man nennt das Blatt deshalb auch „Wiesenpflaster". Früher glaubte man, wer im Frühling die ersten drei Gänseblümchen isst, bleibt das ganze Jahr gesund.

Blätter und Blüten

Rezept

Hustentee von der Wiese

- 2 Teile Spitzwegerichblätter
- 2 Teile Gänseblümchenblüten
- 1 Teil Gundermannkraut
- 1 Teil Rotkleeblüten

Tee zerkleinern und 2 TL davon in eine große Tasse geben. Mit heißem Wasser aufgießen und 5 Minuten ziehen lassen. Mit etwas Honig gesüßt erhöht sich die Wirksamkeit.

Junge Gänseblümchenblätter schmecken mild feldsalatähnlich und eignen sich gut für Salate und Suppen. Die Blüten sind eine essbare Dekoration für belegte Brote und Salat.

Kamille Echte Kamille

Sammelzeit: Ernten Sie die Blüten, wenn der gelbe Blütenboden stark gewölbt ist und die weißen Zungenblüten sich nach unten senken. Mittags sind die meisten Wirkstoffe enthalten.

Lieblingsort: An Acker-, Weg- und Straßenrändern.

Kennzeichen: Die Kamille wird 20–50 cm hoch und duftet aromatisch. **Stängel** ist kahl und stark verzweigt. **Blätter** sind schmal, spitz und tief geteilt. **Blüten** aus gelben Röhrenblüten und weißen Zungenblüten, der kegelförmige Blütenboden ist innen hohl. **Blüht** von Mai bis August.

Aufgepasst! Die Echte Kamille unterscheidet sich von nicht heilwirksamen Kamillearten durch den hohlen Blütenboden. Indem Sie eine Blüte aufschneiden, können Sie dies leicht überprüfen.

Hohler Blütenboden

Wirkt … beruhigend, krampflösend, entzündungshemmend und wundheilend. Tee und Tinktur helfen bei Magen-Darm-beschwerden und Menstruationskrämpfen. Äußerlich nutzt man die Kamille zum Inhalieren oder Gurgeln bei Entzündungen der Schleimhäute in Mund und Rachen, aber auch zur Wundreinigung.

Rezept

Bauchwehtee

- 3 Teile Kamillenblüten
- 1 Teil Ringelblumenblüten
- 1 Teil Fenchelfrüchte

Blüten zerkleinern, Fenchel mörsern und 2 TL davon in eine große Tasse geben. Heißes Wasser dazu und 7 Minuten ziehen lassen. 3-mal täglich eine Tasse.

Extra Tipp

In der Antike galt die Kamille als „Arzt der Pflanzen“. Man wusste damals schon, dass Heilpflanzen nicht nur uns Menschen, sondern auch kranken Pflanzen zur Seite stehen können. Nutzen Sie deshalb die Kamille als Mischkulturpflanze in Ihrem Garten oder besprühen Sie kränkelnde Pflanzen mit Kamillentee.

Ringelblume

Sammelzeit: Ernten Sie ab Juni die ganzen Blütenköpfchen etwa zweimal wöchentlich. Beste Tageszeit ist nachmittags. Ringelblumen haben einen klebrigen Saft, weshalb Handschuhe sinnvoll sind.

Lieblingsort: Ringelblumen werden in Gärten kultiviert. Je öfter die Blüten gepflückt werden, desto länger ist die Blühperiode.

Kennzeichen: Die Ringelblume wird bis 70 cm hoch. **Stängel** ist kantig und filzig behaart. **Blätter** sind lanzettlich, behaart und am Rand mit kurzen Wimpern besetzt. **Blütenköpfchen** sind große Körbchen mit zahlreichen orangen oder gelben Zungenblüten. **Blüht** von Juni bis September.

Blütenfarben

Wirkt ... wundheilungsfördernd, entzündungshemmend und antibakteriell. Deshalb wird sie vor allem in Form von Salben und verdünnter Tinktur als Wundmittel eingesetzt. Die Ringelblume sorgt dabei für raschen Wundverschluss. Tee ist hilfreich bei Magen-Darm-beschwerden und zum Gurgeln bei Entzündung der Mundschleimhäute.

Rezept

Ringelblumenöl

- 30 g frische oder 15 g getrocknete Ringelblumen
- 250 ml Olivenöl

Ringelblumen zerkleinern, in ein Glas geben und mit Öl übergießen. Etwa 10 Tage an einen warmen Platz stellen. Abfiltern und in dunklen Fläschchen aufbewahren. Ein Heilöl, das sich zur Versorgung kleiner Wunden und zur Babypflege eignet.

Extra Tipp

In offene Wunden keine Salben einbringen, denn sie behindern den Wundverschluss. Besser sind Umschläge mit Ringelblumentee, dem Ringelblumentinktur zugefügt wurde (200 ml Tee + 2 TL Tinktur). Umschläge 10 Minuten auf die Wunde legen und diese Prozedur mehrmals täglich wiederholen.

Löwenzahn

Sammelzeit: Geerntet werden die Blätter und die Wurzeln. Die Wurzeln sind im März am heilkräftigsten, die Blätter können ganzjährig gesammelt werden. Die Blüten eignen sich auch für Tee, allerdings nicht getrocknet.

Lieblingsort: Auf Wiesen, Weiden und an Wegrändern.

Kennzeichen: Die bis 40 cm hohe Pflanze enthält weißlichen Milchsaft. **Stängel** ist hohl und blattlos. **Blätter** sind unbehaart, länglich und unregelmäßig grob gelappt und gezähnt. **Blütenköpfchen** bestehen aus einem Körbchen mit vielen gelben Zungenblüten. **Blüht** von April bis Juni.

Wirkt … verdauungsfördernd, harntreibend, gallenflussfördernd und stoffwechsel-anregend. Tee oder Tinktur werden deshalb gerne zu blutreinigenden Frühjahrskuren genommen. Außerdem lindert Löwenzahn Verdauungsbeschwerden und rheumatische Erkrankungen.

Kinder nutzen damals wie heute die gelben Blütenköpfchen als Puderquaste, um sich zu schminken. Nach der Blüte werden die kleinen Fallschirme mit großem Eifer in die weite Welt gepustet.

Blätter

Rezept

Leber-Galle-Tee

- je 2 Teile Löwenzahnblätter und -wurzeln
- 1 Teil Pfefferminzblätter
- 1 Teil Beifußblüten und -blätter

Tee zerkleinern und 2 TL in eine große Tasse geben. Heißes Wasser dazu und 7 Minuten ziehen lassen. 3-mal täglich eine Tasse trinken. Schmeckt etwas bitter, bringt aber den Gallenfluss in Schwung.

Extra Tipp

Bereichern Sie im Frühling Ihren Blattsalat mit jungen Löwenzahnblättern. Sie schmecken chicoreeartig, leicht bitter. Die ungeöffneten Blütenknospen sind als Gemüse gedünstet eine Delikatesse.

Goldrute Gewöhnliche Goldrute

Sammelzeit: Ernten Sie Blätter und Blüten bei Blühbeginn. Das heißt, erst ein kleiner Teil der Blüten am Stängel ist aufgeblüht. Schneiden Sie die oberen 15 cm und streifen Sie Blätter und Blüten ab. Beste Erntezeit ist nachmittags.

Lieblingsort: In lichten Wäldern und an Waldrändern.

Kennzeichen: Die Pflanze wird 50–100 cm hoch. **Stängel** ist rund, behaart, unten rötlich gefärbt und innen mit Mark gefüllt. **Blätter** sind schmal-lanzettlich und am Rand gesägt. **Blüten** sind als Rispe angeordnet, kleine goldgelbe Korbblütchen mit 6–12 Zungenblüten. **Blüht** von Juli bis September.

Kanadische Goldrute (siehe Extra Tipp)

Wirkt ... harntreibend, antibiotisch und entzündungshemmend. Tee und Tinktur nutzt man deshalb bei entzündlichen Erkrankungen der Harnwege und Nieren. Goldrute ist sogar wirksam bei Harnsteinen und Nierengrieß. Auch zur Behandlung rheumatischer Beschwerden kann sie eingesetzt werden.
Unsere Vorfahren nutzten die Goldrute äußerlich zur Wundversorgung.

Rezept

Blasen- und Nierentee

- 2 Teile Goldrute
- 2 Teile Brennnesselblätter
- 1 Teil Birkenblätter
- 1 Teil Kamillenblüten

Tee zerkleinern und 2 TL in eine große Tasse geben. Heißes Wasser dazu und 10 Minuten ziehen lassen. 3-mal täglich eine Tasse. Schmeckt etwas bitter, aber wirkt gewaltig. Zusätzlich auf reichlich Flüssigkeitszufuhr achten!

Die Kanadische Goldrute, ein Einwanderer, findet man häufiger als die heimische Art. Sie wuchert gruppenweise an Bahndämmen und Waldrändern. Sie wird über 2 m hoch und ihre gelben Blüten stehen in dichten Rispen. Das Gute: Sie kann genauso verwendet werden!

Blutwurz

Sammelzeit: Geerntet wird der Wurzelstock im Herbst von September bis Oktober. Gründlich waschen, in Scheiben schneiden und in Heizungsnähe oder im Ofen trocknen.

Lieblingsort: Auf Magerwiesen, an sonnigen Böschungen und Wegen.

Kennzeichen: Kleine, niederliegende Pflanze, wird höchstens 30 cm hoch. **Wurzel** färbt sich beim Anschneiden rot. **Blätter** sind dreiteilig gefingert mit 2 kleinen Nebenblättern, sitzen direkt am Stängel und sind am Rand grob gesägt. **Blüten** einzeln an langen Stielen, haben 4 gelbe, etwas eingebuchtete Blütenblätter. **Blüht** von Mai bis August.

Ausgegrabene Wurzel

Wirkt ... blutstillend, entzündungshemmend, zusammenziehend und stopfend. Tee oder Tinktur aus der knolligen Wurzel nimmt man deshalb bei Entzündungen in Mund und Rachen sowie bei Durchfallerkrankungen. Wegen der bakterien- und pilzhemmenden Wirkung auch geeignet zur Wundreinigung und bei Pilzerkrankungen der Haut. Im Mittelalter glaubte man, mit der Blutwurz ein Mittel gegen die Pest gefunden zu haben.

Rezept

Durchfalltee

- 2 Teile Blutwurz
- 2 Teile getrocknete Heidelbeeren
- 1 Teil Kamillenblüten
- 1 Teil Gänsefingerkraut

Tee zerkleinern und 2 TL davon in eine große Tasse geben. Mit heißem Wasser aufgießen, 10 Minuten ziehen lassen und 3-mal täglich 1 Tasse trinken. Auch zum Gurgeln bei Entzündungen im Mund.

Extra Tipp

Blutwurz hat, wie der Name verspricht, eine ausgesprochene Färbewirkung. Deshalb setzt man in einigen Regionen mit der Wurzel einen rotfärbenden Schnaps an, der als Hausmittel sehr beliebt ist.

Gänsefingerkraut

Sammelzeit: Ernten Sie die Blätter während der Blütezeit. Sie wachsen direkt am Boden; achten Sie deshalb darauf, saubere zu pflücken. Optimale Erntezeit ist mittags.

Lieblingsort: Auf Wiesen, Weiden und an Wegrändern.

Kennzeichen: Die am Boden kriechende Pflanze wird bis 15 cm hoch. **Stängel** ist rötlich überlaufen. **Blätter** sind gefiedert, oberseits grün, unten silbrig weiß behaart, am Rand tief gesägt. **Blüten** stehen am Ende eines blattlosen Stiels, 5 rundliche, goldgelbe Blütenblätter. **Blüht** von Mai bis August.

Blätter wachsen am Boden

Wirkt … krampflösend, entzündungshemmend und zusammenziehend. Tee und Tinktur nimmt man deshalb bei krampfhaften Menstruationsbeschwerden, Magenkrämpfen und Durchfallerkrankungen. Als Gurgelmittel nutzt man es, wenn Zahnfleisch oder Mundschleimhaut entzündet sind.

Gänsefingerkraut wächst gerne auf verdichteten, gut gedüngten Böden. Deshalb kam es früher häufig auf Weiden vor, wo Gänse gehalten wurden. So entstand der Name.

Rezept

Altüberliefertes Rezept bei Menstruationskrämpfen

- 2 TL Gänsefingerkraut
- 1 TL Schafgarbenblüten
- 1/4 Liter Milch

Tee zerkleinern und in einen Topf geben. Mit 1/4 Liter Milch aufgießen, bis zum Sieden erhitzen, vom Herd nehmen und 5 Minuten ziehen lassen. Abgießen und mit etwas Honig süßen. Besonders wirksam mit frischen Pflanzen!

Extra Tipp

Junge Blättchen können Sie im Frühjahr auch für Salat nutzen. Sie schmecken mild säuerlich. Nach der Blüte werden sie aber sehr herb und eignen sich dann nur für Heilzwecke.

Johanniskraut

Sammelzeit: Ernten Sie das voll erblühte Kraut, indem Sie die oberen 15 cm mit Blättern und Blüten abschneiden. Blätter und Blüten abstreifen oder ganze Zweige trocknen. Mittags sind die meisten Wirkstoffe enthalten.

Lieblingsort: An Wegrändern, sonnigen Böschungen und mageren Wiesen.

Kennzeichen: Die Staude wird 30–80 cm hoch. **Stängel** ist kahl, rundlich und hat zwei sich gegenüberliegende kantige Längsleisten. **Blätter** sind oval-länglich, stehen sich paarweise gegenüber und sind durchsichtig punktiert. **Blüten** leuchtend gelb, 5 Blütenblätter, beim Zerreiben färben sie dunkelrot. **Blüht** von Juni bis September.

Wirkt … antidepressiv, entzündungshemmend und wundheilungsfördernd. Tee und Tinktur sind hilfreich bei depressiver Verstimmung, Unruhe und Angstzuständen. Äußerlich nutzt man das Johanniskrautöl bei Wunden, Verbrennungen und Sportverletzungen. Johanniskraut galt früher als ausgesprochen zauberkräftig. Teufel und Hexen, aber auch Gewitter konnten damit ferngehalten werden.

Rezept

Johannisöl

- 30 g frisches Johanniskraut (Blätter und Blüten)
- 250 ml Olivenöl

Kraut ganz klein schneiden, in ein Glas füllen und mit Öl übergießen. Mit dünnem Tuch oder Fliegengaze verschließen und 10 Tage an einen warmen Ort stellen. Abfiltern und in dunkle Fläschchen füllen. 1 Jahr haltbar.

Extra Tipp

Johanniskrautblüten färben nicht nur das Johanisöl wunderschön rot. Sie können damit auch Likör oder Essig einfärben, indem Sie die frischen Blüten einige Tage darin ziehen lassen.

Königskerze Großblütige Königskerze

Sammelzeit: Ernten Sie die Blüten ab Juni vormittags, denn mittags werden sie schlaff. Schnelles Trocknen im Backofen (Seite 137) sorgt für schöne Farbe. Hinterher unbedingt luftdicht lagern, sonst verderben sie schnell.

Lieblingsort: An Bahndämmen, Wegrändern und Böschungen.

Kennzeichen: Die Pflanze kann bis 2,50 m hoch werden. **Stängel** ist rund und behaart. **Blätter** sind filzig behaart, länglich-lanzettlich und am Rand grob gekerbt. **Blüten** bestehen aus 5 hellgelben, verwachsenen Blütenblättern; 3 wollig behaarte und 2 kahle Staubbeutel. **Blüht** von Juni bis August. Es gibt verschiedene Königkerzenarten, teils mit sehr kleinen Blüten. Sie sind alle nutzbar!

Ganze Pflanze

Wirkt … reizlindernd und hustenlösend. Der Tee wird getrunken bei Bronchitis, Reizhusten und Heiserkeit. Wegen des süßlichen Geschmacks eignet er sich gut für Kinder. Als es noch keine Streichhölzer gab, wurden die filzigen Blatthärchen als leichtentzündlicher Zunder genutzt, um Feuer zu entfachen.

Rezept

Königskerzen-Hautöl

- 30 g frische Königskerzenblüten
- 250 ml Olivenöl

Königskerzen in ein Glas füllen und mit Öl übergießen. Mit dünnem Tuch verschließen und 10 Tage an einen warmen Ort stellen. Abfiltern und in dunkle Fläschchen füllen. Für kleine Wunden und Hautreizungen.

Extra Tipp

Gießen Sie Königskerzentee durch ein ganz feines Sieb oder einen Papierfilter ab, denn die feinen Härchen der Staubbeutel können empfindliche Menschen im Hals reizen.

Frauenmantel

Sammelzeit: Ernten Sie Blätter und Blüten während der Blütezeit. Sorgfältig auslesen, da die bodennahen Blätter oft verschmutzt sind. Optimale Erntezeit ist der frühe Nachmittag.

Lieblingsort: Auf Wiesen und Weiden in gebirgigen Lagen.

Kennzeichen: Die Pflanze wird 20–40 cm hoch. **Stängel** ist dicht behaart. **Blätter** sind rundlich-nierenförmig und wie ein Fächer gefaltet, gelappt und am Rand mit zugespitzten Zähnchen besetzt. **Blüten** sind unscheinbar gelblich grün, stehen in Knäueln vereinigt. **Blüht** von Mai bis August.

Blüten

Wirkt … zusammenziehend, krampflösend und entzündungshemmend. Tee und Tinktur nutzt man deshalb zu Mundspülungen und bei Durchfallerkrankungen. In der Frauenheilkunde sehr geschätzt bei Menstruationsstörungen und Wechseljahresbeschwerden. Die Gartenart (*Alchemilla mollis*) kann genauso verwendet werden. Dem Wasser, das sich am Blattgrund als „Tau“ sammelt, sagte man im Mittelalter magische Kräfte nach. Alchemisten nutzten es für den Versuch, Gold herzustellen.

Rezept

Menstruations-Tee

- 2 Teile Frauenmantel
- 1 Teil Kamillenblüten
- 1 Teil Gänsefingerkraut
- 1 Teil Schafgarbenblüten

Tee zerkleinern und 2 TL davon in eine große Tasse geben. Mit heißem Wasser aufgießen und 5 Minuten ziehen lassen. 1 Woche vor der erwarteten Blutung 3-mal täglich 1 Tasse trinken.

Extra Tipp

Frauenmanteltee ist ein vorzügliches Gesichtswasser bei großporiger oder aknegeplagter Haut. Kochen Sie dazu eine Tasse Tee und geben Sie zur Verstärkung 1 TL Frauenmantel-Tinktur dazu. Nicht länger als drei Tage aufheben.

Klatschmohn

Sammelzeit: Ernten Sie die zarten Blüten ab Mai immer vormittags, denn sie fallen schon nach wenigen Stunden ab. Je schneller sie trocknen (z. B. in einem Dörrgerät), desto besser halten sie ihre rote Farbe.

Lieblingsort: An Acker- und Wegrändern.

Kennzeichen: Die bis 90 cm hohe Pflanze enthält weißlichen Milchsaft. **Stängel** ist borstig behaart. **Blätter** sind behaart, länglich, tief eingeschnitten und teils gefiedert. **Blüten** bestehen aus 4 scharlachroten Blütenblättern, am Grund oft schwarz gefleckt, blauschwarze Staubbeutel. **Blüht** von Mai bis August.

Wirkt … beruhigend und reizlindernd. Der Tee wird in der Volksheilkunde getrunken bei Schlafstörungen, bei Reizhusten und Heiserkeit. Gerne wird er Teemischungen beigefügt, weil er unglaublich schön färbt.
Der Name Klatschmohn kommt daher, dass man sich die Blütenblätter auf Hand oder Stirn legte und mit der anderen drauf schlug. Dabei dachte man an die geliebte Person. Je lauter der Knall, desto stärker die Liebe!

Rezept

Bunter Hustentee

- 2 Teile Spitzwegerichblätter
- 1 Teil Klatschmohnblüten
- 1 Teil Königskerzenblüten
- 1 Teil Malvenblüten

Tee zerkleinern und 2 TL in eine große Tasse geben. Heißes Wasser dazu und 5 Minuten ziehen lassen. Mit etwas Honig süßen und 3-mal täglich eine Tasse in kleinen Schlucken trinken. Besonders hilfreich bei Reizhusten.

Extra Tipp

Sammeln Sie die kleinen Samen aus den eiförmigen Kapseln. Getrocknet können sie wie Backmohn für Brot, Kuchen und Desserts genutzt werden. Sie schmecken besonders fein, wenn sie in einer Pfanne ohne Fett leicht geröstet werden.

Rotklee

Sammelzeit: Die voll erblühten Blütenköpfchen können ab mittags den ganzen Sommer über geerntet werden. Achten Sie darauf, dass am Köpfchen nur wenig abgeblühte braune Einzelblüten sind.

Lieblingsort: An Wegrändern sowie auf Wiesen und Weiden.

Kennzeichen: Rotklee wird bis 40 cm hoch. **Stängel** ist kantig und behaart. **Blätter** bestehen aus drei eiförmigen Teilblättchen und sind unterseits behaart. **Blüten** purpurrot, vereinigen sich zu kugeligen Köpfchen. **Blüht** von Mai bis September.

Wirkt … stoffwechselanregend, schleimlösend, zusammenziehend und östrogenähnlich. Tee und Tinktur nutzt man deshalb in der Volksmedizin zur Wundbehandlung, zur Blutreinigung und bei Husten. Wegen der östrogenähnlichen Stoffe wird Rotklee auch gerne bei Wechseljahresbeschwerden eingesetzt.
In früheren Zeiten galt der Rotklee als Förderer der Fruchtbarkeit. Zu Recht, da man inzwischen weiß, dass er hormonartige Stoffe (Isoflavone) enthält.

Rezept

Wechseljahre-Tee

- 2 Teile Rotkleeblüten
- 1 Teil Salbeiblätter
- 1 Teil Melissenblätter
- 1 Teil Schafgarbe

Tee zerkleinern und 2 TL davon in eine große Tasse geben. Heißes Wasser darüber gießen und 5 Minuten ziehen lassen. Täglich 3 Tassen davon trinken.

Extra Tipp

Den Weißklee, der häufig auf Rasenflächen und Wiesen anzutreffen ist, können Sie ebenfalls für Tee verwenden. Die ausgezupften Rotkleeblüten sind auch eine hübsche essbare Dekoration für Desserts.

Pfefferminze Echte Pfefferminze

Sammelzeit: Ernten Sie im Juli, wenn die Pflanze zu blühen beginnt, dann ist sie besonders wirksam. Schneiden Sie die Minze mittags eine Handbreit über dem Boden ab und streifen Sie die Blätter und Blüten vom Stängel.

Lieblingsort: Pfefferminze wird in Gärten kultiviert. An Gewässerufern können Sie manchmal die Wasserminze entdecken, die genauso verwendet wird.

Kennzeichen: Die bis 80 cm hohe Pflanze duftet stark minzig. Der **Stängel** ist vierkantig. **Blätter** stehen sich paarweise gegenüber, sind länglich-eiförmig und am Rand gesägt. **Blüten** lila bis blassrosa, sitzen ährenartig am Stängelende. **Blüht** von Juli bis September.

Blätter

Wirkt ... appetitanregend, krampflösend und gallenflussfördernd. Tee und Tinktur sind hilfreich bei Übelkeit, krampfartigen Magen-Darmbeschwerden und Gallenleiden. Äußerlich aufgetragen hilft das ätherische Minzöl bei Kopfschmerzen.

Die Pfefferminze ist eine zufällige Kreuzung aus Wasserminze und Spearmintminze. Sie wurde im Jahr 1696 in England entdeckt.

Rezept

Es muss nicht immer Tee sein

- 100 g Minzblätter
- 500 ml Wodka
- 100 g Zucker

Probieren Sie einen Minzlikör, indem Sie zunächst eine traditionelle Tinktur herstellen (Seite 138). Diese nur 3 Stunden ziehen lassen und dann mit einer abgekühlten Zuckerlösung (100 ml Wasser + 100 g Zucker) süßen.

Extra Tipp

Es gibt unzählige Minzesorten, mit denen Sie Ihre Teeküche bereichern können. Testen Sie in Ihrem Garten verschiedene Duftrichtungen: z. B. Orangenminze, Schokominze oder die nach Kaugummi duftende Marokkanische Minze.

Dost Wilder Majoran

Sammelzeit: Man erntet die Blätter und Blüten während der Blütezeit. Schneiden Sie die oberen 15 cm der Pflanze ab und streifen Sie Blätter und Blüten vom Stängel. Beste Erntezeit ist mittags.

Lieblingsort: An sonnigen Böschungen und Hängen.

Kennzeichen: Die aromatisch duftende Pflanze wird bis 60 cm hoch. **Stängel** ist rundlich bis leicht vierkantig, behaart und rötlich überlaufen. **Blätter** stehen sich paarweise gegenüber, sind eiförmig mit kleiner Spitze und glattem Rand. **Blüten** sitzen in doldenförmigen Rispen, haben pupurrote Kelchblätter und rosafarbene Blütenblätter. **Blüht** von Juni bis September.

Blätter

Wirkt … krampflösend, verdauungsfördernd und hustenlösend. Deshalb trinkt man den wohlschmeckenden Tee bei Appetitlosigkeit, Magen-Darmbeschwerden und Husten.

Im Mittelalter war Dost eine wichtige Schutzpflanze gegen Teufel und Hexen. Es genügte schon, ein Sträußchen bei sich zu tragen oder an die Haustür zu hängen.

Rezept

Erkältungstee

- 2 Teile Dost
- 1 Teil Lindenblüten
- 1 Teil Quendel oder Thymian

Tee zerkleinern und 2 TL davon in eine große Tasse geben. Mit heißem Wasser aufgießen und 5 Minuten ziehen lassen. Mit etwas Honig gesüßt lässt sich die Heilkraft erhöhen. Hilft nicht nur gut, sondern schmeckt auch lecker!

Dost wird nicht umsonst Wilder Majoran genannt. Seine Verwandtschaft zum südländischen Oregano macht ihn zu einem vorzüglichen Würzkraut. Vor allem die Blüten schmecken super zu Pizza und Pasta.

Quendel Feldthymian

Sammelzeit: Geerntet werden die Triebspitzen bei Blühbeginn im Juni zur Mittagszeit. Schneiden Sie die oberen 5 cm der Blütenstände und trocknen Sie sie als Ganzes.

Lieblingsort: An Wegrändern, sonnigen Böschungen und trockenen Wiesen.

Kennzeichen: Kleine, am Boden kriechende Pflanze mit aromatischem Duft. **Stängel** ist vierkantig und nur auf den Kanten behaart. **Blätter** stehen sich paarweise gegenüber, sind klein und oval. **Blüten** purpurrosa, sitzen als dichte Büschel am Stängelende. **Blüht** von Juni bis September.

Blätter

Wirkt … vor allem krampflösend, schleimlösend und antimikrobiell. Tee und Tinktur sind deshalb ideal bei grippalen Infekten mit Husten. Quendel ist aber auch wirksam bei Verdauungsbeschwerden und schmerzhaften Menstruationskrämpfen.
Quendel war früher eine bedeutende Schutzpflanze gegen böse Mächte. Um Teufel und Hexen fernzuhalten, war es immer gut, ein Sträußchen davon bei sich zu tragen.

Rezept

Hustenlöser

- 2 Teile Quendel
- 1 Teil Spitzwegerichblätter
- 1 Teil Königskerzenblüten

Tee zerkleinern und 2 TL davon in eine große Tasse geben. Heißes Wasser darüber und 5 Minuten ziehen lassen. 3-mal täglich eine Tasse trinken. Etwas Honig als Süße verstärkt die Heilwirkung.

Extra Tipp

Der Quendel ist ein Verwandter des Gartenthymians (Seite 186). Quendel eignet sich darum auch sehr gut als Küchengewürz. Er besitzt ein thymianähnliches Aroma, aber mit etwas weniger Schärfe und einer blumigen Note.

Thymian

Sammelzeit: Geerntet werden die blühenden Triebspitzen bei Blühbeginn. Die optimale Tageszeit ist mittags. Schneiden Sie die oberen 10 cm und trocknen Sie die Zweige als Ganzes.

Lieblingsort: Thymian wird in Gärten kultiviert. Er bevorzugt sonnige Standorte und nährstoffarme Böden.

Kennzeichen: Der aromatisch duftende Zwergstrauch wird bis 30 cm hoch. **Stängel** ist vierkantig, unten verholzend. Die kleinen **Blätter** stehen sich gegenüber, sind schmalelliptisch, unterseits dicht behaart und am Rand eingerollt. **Blüten** lilarosa, sitzen ährenartig in den oberen Blattachseln. **Blüht** von Mai bis August.

Wirkt ... krampflösend, schleimlösend, verdauungsfördernd und antibakteriell. Er ist eines der wichtigsten Heilmittel bei Husten und grippalen Infekten. Ebenfalls sehr wirksam sind Tee und Tinktur bei krampfartigen Beschwerden im Magen-Darmbereich.
In der Antike galt Thymian als Symbol für Mut und Tapferkeit. Deshalb war er ein beliebter Badezusatz für junge Männer.

Rezept

Husten-Tinktur

- 30 g Thymianzweige
- 10 g Fenchelsamen
- 150 ml Wodka oder Korn

Thymian zerkleinern, Fenchelsamen zerstoßen und mit Alkohol übergießen, so dass alles bedeckt ist. 1 Woche ziehen lassen und abfiltern. 3-mal täglich 15 Tropfen. Sehr hilfreich bei festsitzendem Husten und Keuchhusten.

Extra Tipp

„Die nächste Grippe kommt bestimmt, doch nicht zu dem, der Thymian nimmt“ sagt eine alte Volksweisheit. Schützen Sie sich vor der nächsten Erkältungswelle, indem Sie vorbeugend Ihre Abwehrkräfte mit Thymiantee mobilisieren. Mit Honig gesüßt schmeckt er sehr gut.

Malve Wilde Malve

Sammelzeit: Geerntet werden die Blüten ab Juni, am besten nachmittags. Es können auch Blätter mitgeerntet werden. Täglich öffnen sich pro Pflanze bis zu 150 Blüten.

Lieblingsort: An Wegrändern und auf Brachland.

Kennzeichen: Die Malve kann bis zu 120 cm hoch werden. **Stängel** ist stark behaart. **Blätter** sind handförmig 5- bis 7-fach gelappt und am Rand gekerbt. **Blüten** sitzen büschelweise in den Blattachseln, die 5 Blütenblätter sind rosaviolett mit dunkleren Nerven. **Blüht** von Juni bis September.

Stockrose (siehe Extra Tipp)

Wirkt ... reizlindernd und entzündungshemmend. Tee und Tinktur eignen sich bei Reizhusten sowie zum Gurgeln bei Entzündungen der Schleimhäute in Mund und Rachen. Äußerlich können damit Umschläge bei trockener oder entzündeter Haut gemacht werden.
Malvenblätter waren im alten Rom ein beliebtes Gemüse, das wie Spinat zubereitet wurde. Auch die grünen, scheibenförmigen Früchte („Käsle“) kann man roh essen.

Rezept

Blaues Malvenbad für die Haut

- 30 g Malvenblüten
- 10 g Lavendelblüten
- 1 Liter Wasser

Blüten mit warmem Wasser (ca. 80°C) übergießen und 5 Minuten ziehen lassen. Durch ein Sieb ins Badewasser geben. Ideale Badetemperatur bei 37 °C. Fürs Auge einige Blüten ins Badewasser streuen. Gut bei entzündeter oder trockener Haut.

Praktisch: Die häufig als Zierpflanze in Gärten kultivierte Stockrose hat die gleiche Wirkung. Sie können ihre großen Blüten genauso verwenden.

Weidenröschen Schmalblättriges Weidenröschen

Sammelzeit: Ernten Sie am besten nachmittags die oberen 20 cm der Pflanze, und zwar bei Blühbeginn. Viele Blüten sind dann noch im Knospenstadium. Anschließend Blätter und Blüten vom Stängel streifen.

Lieblingsort: An Waldrändern und auf Waldlichtungen.

Kennzeichen: Die Pflanze kann bis zu 150 cm hoch werden. **Stängel** ist rund, kahl und oben rötlich überlaufen. **Blätter** sind lang, schmal, ganzrandig und zugespitzt, unterseits blaugrün. **Blüten** rosarot, stehen in Trauben an der Stängelspitze. **Blüht** von Juni bis August.

Zottiges Weidenröschen (siehe Extra Tipp)

Wirkt ... vor allem harntreibend und entzündungshemmend. Tee und Tinktur nutzt man in der Volksheilkunde bei Harnwegsinfekten und Prostatabeschwerden. Der Tee ist sehr wohlschmeckend.
Im Mittelalter war das Weidenröschen dem heiligen Antonius gewidmet, weil man glaubte, damit das „Antoniusfeuer“ heilen zu können. Diese grausame Krankheit, hervorgerufen durch mit Mutterkornpilz verseuchtes Getreide, entvölkerte ganze Landstriche.

Rezept

Blasen-Tee

- 2 Teile Weidenröschen
- 1 Teil Brennnesselblätter
- 1 Teil Löwenzahnblätter
- 1 Teil Goldrute

Tee zerkleinern und 2 TL in eine große Tasse geben. Heißes Wasser zugeben und 5 Minuten ziehen lassen. Täglich 4 Tassen trinken und zusätzlich noch 2 Liter Wasser über den Tag verteilt (Durchspülungstherapie).

Extra Tipp

Weidenröschen sind auch ein leckeres Wildgemüse. Die jungen Blätter und Triebe können für Salat oder gedünstet als Gemüse genutzt werden. Alle heimischen Weidenröschen-Arten sind verwertbar.

Gundermann

Sammelzeit:	Geerntet werden Blätter und Blüten während der Blütezeit. Schneiden Sie die blühenden Triebspitzen etwa 10 cm lang ab. Beste Erntezeit ist mittags.
Lieblingsort:	Auf Wiesen, an Wegrändern und in Gärten.
Kennzeichen:	Die Pflanze kriecht am Boden und richtet sich nur an den Blütentrieben auf. Sie hat einen würzigen Blattduft. **Stängel** ist vierkantig. **Blätter** sind rundlich bis herzförmig und am Rand grob gekerbt, sie stehen sich paarweise gegenüber. **Blüten** blauviolett, sitzen direkt über den oberen Blattpaaren. **Blüht** von März bis Anfang Juni.
Wirkt …	vor allem zusammenziehend, entzündungshemmend und schleimlösend. Tee und Tinktur nutzt man deshalb bei Husten und zum Gurgeln bei Entzündungen in Mund oder Rachen. Kleine Verletzungen und Insektenstiche kann man mit dem Saft der frisch zerquetschten Blätter lindern. Im Mittelalter glaubte man, mit einem Gundermannkränzchen im Haar könne man Hexen erkennen.

Rezept

Kräftiger Tee für festsitzenden Husten

- 2 Teile Gundermann
- 2 Teile Quendel
- 1 Teil Königskerzenblüten

Tee zerkleinern und 2 TL davon in eine große Tasse geben. Mit heißem Wasser aufgießen und 5 Minuten ziehen lassen. Durch ein ganz feines Sieb abgießen. Mit etwas Honig süßen.

Bepinseln Sie ganz junge Gundermannblättchen beidseitig mit geschmolzener Zartbitter-Kuvertüre. Im Kühlschrank fest werden lassen. Fertig ist das Wiesen-After-Eight.

Lavendel Echter Lavendel

Sammelzeit: Ernten Sie die Blüten mittags während der Vollblüte. Einige Blütchen innerhalb der Ähre sollten schon verblüht sein. Schneiden Sie die Blütenähren als Ganzes ab.

Lieblingsort: Lavendel wird in Gärten kultiviert. Achten Sie darauf, dass Sie den Echten Lavendel (*Lavandula angustifolia*) nutzen, denn nur er hat die beruhigende Wirkung.

Kennzeichen: Der bis 70 cm hohe Strauch duftet aromatisch. **Stängel** verholzt. **Blätter** sind graugrün, behaart, schmal-lineal und am Rand eingerollt. **Blüten** blauviolett, sitzen quirlartig an einem langen Stiel. **Blüht** von Juni bis August.

Wirkt … beruhigend, entspannend und wundheilend. Tee, Tinktur oder ätherisches Öl werden eingesetzt bei Schlafstörungen, Stress und Spannungskopfschmerz. Auch bei Verdauungsbeschwerden ist der krampflösende Lavendel hilfreich. Äußerlich fördert er die Wundheilung, vor allem bei Verbrennungen. Lavendel war schon in der Antike ein beliebtes Duftkraut zum Baden und Wäschewaschen.

Rezept

Anti-Stress-Tee

- 2 Teile Lavendelblüten
- 2 Teile Melissenblätter
- 1 Teil Linden- oder Rosenblüten

Tee zerkleinern und 2 TL in eine große Tasse geben. Heißes Wasser dazu und 5 Minuten ziehen lassen. 3-mal täglich eine Tasse trinken. Auch als Badezusatz für ein wohliges Entspannungsbad (50 g).

Extra Tipp

Lavendelsträußchen im Kleiderschrank beduften die Wäsche und vertreiben Kleidermotten. Nicht so im Vorratsschrank, denn Lebensmittelmotten lieben den Lavendelduft!

Stiefmütterchen Wildes Stiefmütterchen

Sammelzeit: Ernten Sie ab Mai während der Blütezeit Blätter und Blüten. Die günstigste Tageszeit ist nachmittags.

Lieblingsort: Auf Wiesen, an Weg- und Feldrändern.

Kennzeichen: Das Stiefmütterchen wird bis 30 cm hoch. **Stängel** ist kahl. **Blätter** in Bodennähe sind herz-eiförmig, die oberen länglich-lanzettlich, am Rand gekerbt. **Blüten** sind meist dreifarbig: die oberen Blütenblätter blauviolett, die beiden mittleren gelblich oder hellviolett und das untere gelb mit violetten Streifen. **Blüht** von Mai bis September.

Wirkt ... harntreibend, schleimlösend und stoffwechselanregend. Tee und Tinktur haben deshalb zwei Schwerpunkte: Hauterkrankungen und Husten. Bei entzündlichen Hauterkrankungen, Milchschorf oder Akne ist es sinnvoll, Stiefmütterchen sowohl innerlich als auch äußerlich (siehe Rezept) einzusetzen. Die großblütigen Züchtungen für den Garten sind nicht heilkräftig.
Das Stiefmütterchen galt im Mittelalter als Pflanze für Liebeszauber; aber wenn es schiefging, auch gegen Liebeskummer.

Blütenfarbe variabel

Rezept

Heilung für die unreine Haut

- 3 Teile Stiefmütterchen
- 1 Teil Frauenmantel

Tee zerkleinern und 2 TL in eine große Tasse geben. Heißes Wasser darüber und 10 Minuten ziehen lassen. 3-mal täglich eine Tasse trinken. Mehrmals täglich mit einem Wattebausch die Haut abtupfen. Die Zugabe von 1 TL Stiefmütterchentinktur verstärkt die Wirkung.

Extra Tipp

Einen bunten, schleimlösenden Kinder-Hustentee können Sie Ihrem Nachwuchs aus Stiefmütterchen, Gänseblümchen, Malvenblüten und Spitzwegerich mischen.

Wegwarte

Sammelzeit: Geerntet werden Blüten und Blätter im Spätsommer am Vormittag. Die ebenfalls nutzbare Wurzel wird im Spätherbst oder im März ausgegraben, in Scheiben geschnitten und an der Heizung getrocknet.

Lieblingsort: An Weg- und Straßenrändern sowie auf Brachflächen.

Kennzeichen: Die milchsafthaltige Pflanze wird bis 120 cm hoch. **Stängel** ist kantig, behaart und sparrig verästelt. **Blätter** am Boden sind löwenzahnähnlich gezähnt und unterseits borstig behaart, obere Blätter sind länglich-schmal. **Blüten** bestehen aus hellblauen, fünfzipfeligen Zungenblüten. **Blüht** von Juli bis September.

Wirkt … vor allem appetitanregend, verdauungsfördernd und den Gallenfluss anregend. Man nutzt die Wegwartenwurzel deshalb gerne in Leber-Galle-Teemischungen. Wegen der enthaltenen Bitterstoffe kann sie auch gut in appetitanregenden Likören verarbeitet werden. In Kriegs- und Notzeiten war die Wegwartenwurzel (Zichorie) ein wichtiger Kaffee-Ersatz.

Rezept

Feld- und Wiesenkaffee

> 2 Teile Wegwartenwurzeln
> 2 Teile Löwenzahnwurzeln

Frische Wurzeln waschen, in kaffeebohnengroße Stücke schneiden und im Backofen bei 200 Grad ohne Fett (ca. 15 Minuten) rösten, bis sie dunkelbraun geworden sind. Dabei die Ofentür leicht geöffnet lassen. Mit der Kaffeemühle mahlen und wie echten Kaffee aufbrühen.

Wussten Sie, dass Chicoree, Zuckerhut und Radicchio aus der Wegwarte gezüchtet wurden? Diese Salate enthalten noch viele Heilstoffe ihrer Wildform und sind deshalb sehr zu empfehlen.

Beifuß

Sammelzeit: Geerntet werden die oberen Triebspitzen (15 cm lang) mit Blättern und geöffneten Blüten. Blätter und Blüten vom Stängel streifen und trocknen. Damit es viel Aroma gibt, ernten Sie erst ab Mittag.

Lieblingsort: An Böschungen, Weg- und Straßenrändern.

Kennzeichen: Bis zu 180 cm hohe Pflanze mit würzigem Duft. **Stängel** ist kantig und meist rotbraun angelaufen. **Blätter** sind gefiedert, mit am Rand tief gesägten Teilblättern, oben sind sie dunkelgrün und unten weißfilzig behaart. **Blüten** unscheinbar braungelb, stehen in verzweigten Rispen. **Blüht** von Juni bis September.

Blätter

Wirkt ... vor allem appetitanregend und krampflösend. Durch seine verdauungsfördernde Wirkung macht er fette Speisen bekömmlicher. Beifuß-Tee hat auch eine menstruationsfördernde Wirkung, weshalb er während der Schwangerschaft nur sparsam eingesetzt werden sollte. Im Mittelalter wurde Beifuß unters Bett gelegt, um Eheleute vor angezauberter Impotenz oder Frigidität zu schützen.

Rezept

Verdauungs-Schnäpsle

- 20 g blühende Beifußtriebe
- 15 g Schafgarbenblüten
- 200 ml Wodka

Frische Pflanzen kleinschneiden und mit Alkohol übergießen. 4–5 Tage ziehen lassen und abfiltern. Wenn Sie etwas Süße möchten, geben Sie noch eine Zuckerlösung (50 g Zucker + 50 ml Wasser) dazu (Seite 139).

Extra Tipp

Früher war Beifuß ein bekanntes und beliebtes Gänsebraten-Gewürz. Wenn Sie es selbst herstellen wollen, müssen Sie die noch geschlossenen Blütenknospen von den Rispen streifen und trocknen. Für Tee und Tinktur sollten die Blüten allerdings geöffnet sein.

Brennnessel

Sammelzeit: Ernten Sie die jungen Blätter kurz vor Blühbeginn im Mai. Beste Erntezeit ist der frühe Nachmittag. Handschuhe könnten nützlich sein.

Lieblingsort: An Waldrändern, Gebüschen und Gräben.

Kennzeichen: Bis zu 150 cm hohe Pflanze, dicht besetzt mit Brennhaaren. **Stängel** ist vierkantig. **Blätter** stehen sich paarweise gegenüber, sind länglich-eiförmig, zugespitzt und am Rand grob gesägt. **Blüten** unscheinbar grünlich, sie stehen in Rispen in den oberen Blattachseln. **Blüht** von Juni bis September.

Wirkt ... vor allem harntreibend, entzündungshemmend und stoffwechselanregend. Der Tee wird deshalb gerne begleitend zu Fasten- und Entschlackungskuren getrunken (Rezept Seite 208). Er hilft auch bei Gicht, Rheuma und Harnwegsentzündungen. Eine Tinktur aus den Wurzeln ist hilfreich bei Prostatabeschwerden. Im alten Rom galt die Brennnessel als Aphrodisiakum. Das Auspeitschen der erogenen Zonen sollte die Liebeslust steigern. Ob's gewirkt hat oder nur gebrannt?

Rezept

Frühlingstinktur für den Stoffwechsel

- 25 g frische Brennnesselblätter
- 10 g frische Löwenzahnblätter
- 150 ml Korn oder Wodka

Die Kräuter kleinschneiden, in ein Schraubglas füllen und mit Alkohol übergießen. 1 Woche ziehen lassen und täglich schütteln. Abfiltern und zur Frühjahrs- oder Fastenkur 3-mal täglich 15 Tropfen einnehmen. Auch hilfreich bei Hautleiden und rheumatischen Beschwerden.

Extra Tipp

Brennnesselblätter sind ein leckeres Wildgemüse mit spinatartigem Geschmack. Ein „Kraftpaket“ mit viel Eiweiß, Vitaminen und Mineralien! Beste Sammelzeit ist März und April, denn ältere Blätter schmecken nicht mehr so gut. Die Brennwirkung der Härchen geht beim Erhitzen verloren.

Spitzwegerich

Sammelzeit: Spitzwegerichblätter können Sie während der Blütezeit ernten. Die Blätter werden vorsichtig ohne Druck gesammelt, damit sie sich beim Trocknen nicht schwarz verfärben.

Lieblingsort: Auf Wiesen, Weiden und an Wegrändern.

Kennzeichen: Die Pflanze wird bis 40 cm hoch. **Stängel** ist blattlos und gefurcht. **Blätter** werden 10–20 cm lang, sind schmal-lanzettlich und haben einen glatten Rand; längs verlaufenden Blattnerven. **Blüten** beigebraun, sitzen in einer länglichen Ähre, lange weißliche Staubbeutel. **Blüht** von Mai bis September.

„Wiesenpflaster“

Wirkt … reizlindernd, entzündungshemmend, schleimlösend und antimikrobiell. Tee und Tinktur sind deshalb ideal bei grippalen Infekten mit Husten. Äußerlich wird der frische Saft bei Insektenstichen und kleinen Verletzungen aufgetragen. Spitzwegerich ist ein sehr altes Heilmittel, das früher vor allem zur Wundversorgung eingesetzt wurde.

Rezept

Hustenhonig

- 3 Teile Spitzwegerich
- 1 Teil Quendel oder Thymian
- Flüssiger Honig

Frische Kräuter zerkleinern und schichtweise mit Honig in ein Glas füllen (ca. 1 cm hohe Lagen). Zum Abschluss bis an den Rand mit Honig füllen, dicht verschließen und 3 Wochen ans Fensterbrett stellen. Das Glas täglich umdrehen. Absieben und in Behälter füllen. Zum Süßen von Hustentee oder teelöffelweise einnehmen.

Extra Tipp

Ein ungewöhnlicher Pilzgenuss: Die jungen, farblich noch ganz dunklen Blütenknospen des Spitzwegerichs schmecken roh geknabbert oder in Butter gedünstet wie Champignons.

Hopfen

Sammelzeit: Geerntet werden die weiblichen Hopfenzapfen ab September, solange sie noch grün sind. Am frühen Nachmittag enthalten sie die meisten Wirkstoffe.

Lieblingsort: An Waldrändern und in Gebüschen.

Kennzeichen: Die Kletterpflanze kann bis zu 6 m hoch ranken. **Stängel** ist vierkantig und borstig behaart. **Blätter** sind handförmig, rau behaart und am Rand zugespitzt gesägt. **Blüten** sind grünlich, nur aus den weiblichen Blüten entwickeln sich die gelbgrünen, zapfenähnlichen Dolden. **Blüht** von Juli bis August.

Blatt

Wirkt … vor allem beruhigend, schlaffördernd, krampflösend und appetitanregend. Tee und Tinktur nutzt man deshalb bei Schlafstörungen, Nervosität und zur Verdauungsförderung. Darin enthaltene östrogenartige Inhaltsstoffe regen die Menstruation an und sind hilfreich bei Wechseljahrsbeschwerden. Mittelalterliche Mönche mischten Hopfen ins Bier, weil ihm eine Sexualtrieb dämpfende Wirkung nachgesagt wurde. Des Deutschen liebstes Getränk – ein Lustkiller?

Rezept

Gute-Nacht-Tee

- 2 Teile Hopfenzapfen
- 2 Teile Melissenblätter
- 1 Teil Lavendelblüten

Tee zerkleinern und 2 TL davon in eine große Tasse geben. Heißes Wasser dazu und 5 Minuten ziehen lassen. Vor dem Schlafengehen in kleinen Schlucken trinken. Schmeckt etwas bitter, aber hilft!

Extra Tipp

Hopfenzapfen und Lavendelblüten zu gleichen Teilen in eine kleine Kissenhülle stopfen und zunähen. Fertig ist das Traumkissen. Die gleiche Mischung eignet sich auch als Badezusatz für ein abendliches Vollbad (50 g). Schlafen Sie gut!

Birke Hängebirke

Sammelzeit: Ernten Sie die jungen Blätter von April bis Mai. Beste Erntezeit ist der frühe Nachmittag.

Lieblingsort: In Laubwäldern, Mooren und Heiden.

Kennzeichen: Bis zu 25 m hoher Baum. **Rinde** ist weiß mit tiefgefurchten dunklen Rissen. **Blätter** sind rautenförmig, kahl, am Rand gesägt und vorne zugespitzt. Es gibt männliche und weibliche **Blüten;** die weiblichen Blütenkätzchen sind grünlich und stehen aufrecht, die männlichen sind gelbbraun und hängend. **Blüht** von April bis Mai.

Rinde

Wirkt … in erster Linie harntreibend und stoffwechselanregend. Birkentee wird deshalb traditionell bei rheumatischen Erkrankungen, unreiner Haut und Entzündungen der Harnwege getrunken. Der Saft der Birke gilt als Mittel gegen Haarausfall und Schuppen. Auch die Moorbirke ist nutzbar.
Als Fruchtbarkeitssymbol gehörte die Birke zum Maibrauchtum. Dem geliebten Mädchen wurde ein Birkenbäumchen (Maibaum) vor das Haus gestellt.

Rezept

Frühlingstee zum Entschlacken und Fasten

- 2 Teile Birkenblätter
- 2 Teile Brennnesselblätter
- 1 Teil Löwenzahnblätter
- 1 Teil Gänseblümchen

Blätter zerkleinern und 2 TL davon in eine große Tasse geben. Mit heißem Wasser aufgießen, 5 Minuten ziehen lassen und 3-mal täglich 1 Tasse trinken. Wegen der harntreibenden Wirkung nicht vor dem Zubettgehen.

Extra Tipp

Birkenholz ist aufgrund des enthaltenen Birkenteers leicht entzündlich und brennt unglaublich gut. Das ideale Holz zum Entzünden eines Lagerfeuers, selbst bei nassem Wetter. Sammeln Sie dazu unter Birkenbäumen herabgefallene dünne Zweige, Äste und Rinde.

Linde

Sammelzeit: Ernten Sie die Blüten im Juni, wenn sie voll erblüht sind. Sie werden mittags zusammen mit dem Tragblatt gepflückt und getrocknet.

Lieblingsort: In Mischwäldern, in Parks und auf Dorfplätzen.

Kennzeichen: Der Baum wird bis 40 m hoch. **Blätter** sind herzförmig, zugespitzt und am Rand gesägt, sie sind oberseits grün und unterseits graugrün. **Blüten** gelbweiß, süßlich duftend, hängen an einem flügelartigen Tragblatt. **Blüht** im Juni. Die Winterlinde blüht etwa 2 Wochen nach der Sommerlinde, beide sind nutzbar.

Blatt

Wirkt … schweißtreibend, fiebersenkend, reizlindernd und beruhigend. Der Tee wird deshalb vor allem bei fiebrigen Erkältungen und zur Linderung des Hustenreizes getrunken. Wegen der beruhigenden Wirkung passt Linde auch sehr gut in Schlaftee-Mischungen.
Die Linde galt früher als Baum der Liebenden, wovon viele alte Gedichte erzählen. Die ausgelassenen Tanzfeste im Mai fanden unter Lindenbäumen statt.

Rezept

Mit Blüten der Erkältung trotzen

- 2 Teile Lindenblüten
- 1 Teil Holunderblüten
- 1 Teil Kamillenblüten

Tee zerkleinern und 2 TL davon in eine große Tasse geben. Heißes Wasser dazu und 5 Minuten ziehen lassen. 3-mal täglich eine Tasse trinken. Mit etwas Honig gesüßt verstärkt sich die Heilwirkung.

Extra Tipp

Der wohlschmeckende Lindenblütentee eignet auch sich als sommerliche Erfrischung. Dazu wird er abgekühlt und mit etwas Apfelsaft und einem Schuss Zitronensaft geschmacklich abgerundet.

Wirksam angewendet

Kurzes ABC der Inhaltsstoffe

Es ist für uns selbstverständlich, dass Ringelblumensalbe die Wundheilung fördert. Aber welcher Stoff ist dafür verantwortlich? Pflanzen stecken voller Geheimnisse oder, besser gesagt, voller wertvoller Inhaltsstoffe. Einige davon sollen Sie etwas näher kennenlernen.

Was uns heilt

Pflanzen sind wahre Wunderwerke. Mithilfe von Sonnenlicht und Kohlendioxid bauen sie in ihrem Chemielabor komplexe Inhaltsstoffe zusammen. Das tun sie natürlich nicht für uns, sondern um sich selbst vor Krankheiten und Fressfeinden zu schützen. Die Stoffe, die uns heilen, gehören sozusagen zum Waffenarsenal der Pflanzen und können in entsprechender Dosierung auch für uns Menschen giftig sein.

Ätherische Öle ... sind die Duftstoffe der Pflanzen. Sie sind leicht flüchtig und verdunsten rasch. In der Pflanze dienen sie dem Schutz vor Hitze, Krankheiten und Schädlingen sowie zum Anlocken der bestäubenden Insekten. Ätherische Öle werden vor allem um die Mittagszeit produziert. Ihre Heilwirkung ist sehr vielfältig. Sie können keimhemmend, krampflösend, beruhigend oder schleimlösend sein. Dazu gehören Pflanzen wie Kamille, Pfefferminze oder Thymian.

Bitterstoffe ... schmecken, wie der Name schon sagt, bitter. In der Pflanze dienen sie meist als Fraßschutz. Sie werden überwiegend nachmittags produziert. Im menschlichen Organismus fördern Bitterstoffe die Verdauung. Deshalb wirken sie appetitanregend, verdauungsfördernd, gallefunktionsfördernd und stoffwechselanregend. Typische Bitterpflanzen sind Löwenzahn und Wegwarte.

Gerbstoffe … dienen dazu, den hungrigen Insekten den Appetit zu verderben. Deshalb sind sie im Sommer am stärksten vertreten, wenn viele Fressfeinde unterwegs sind. In der Heilkunde werden sie eingesetzt, weil sie zusammenziehend, keimhemmend und blutstillend wirken. Meist werden sie äußerlich auf der Haut oder im Mund- und Rachenraum genutzt. Typische Vertreter sind Blutwurz, Brombeerblätter und Frauenmantel.

Schleimstoffe … haben die Fähigkeit aufzuquellen und besitzen dadurch eine reiz- und entzündungslindernde Wirkung. In der Pflanze sind sie vor allem bei der Keimung der Samen nötig, aber auch um Wasser einzulagern. Wichtige Schleimstoffpflanzen sind Malve, Spitzwegerich und Königskerze.

Flavonoide … sind gelbliche, rote und blaue Pflanzenfarbstoffe. Sie erfüllen die Funktion des Sonnenschutzes und sorgen dafür, dass die Pflanzen nicht „verbrennen“. Deshalb sind sie vor allem nachmittags bei hoher UV-Einstrahlung vertreten. Im menschlichen Körper wirken sie entzündungshemmend, zellschützend, entwässernd oder schweißtreibend. Pflanzen mit vielen Flavonoiden sind Goldrute, Holunder und Ringelblume.

Ringelblumen enthalten Flavonoide.

Der Weg zu Tee und Tinktur

Das Gute an Teemischungen ist, dass sich hier die Heilwirkungen verschiedener Pflanzen ergänzen und verstärken können. Die Kunst ist es nun, die Pflanzen so zu mischen, dass eine optimale Heilwirkung erreicht wird. Schritt für Schritt können Sie dies selbst erlernen.

Die Heilwirkung festlegen

Eine heilkräftige Teemischung herzustellen ist kein Hexenwerk! Wie funktioniert es?

Zuerst müssen Sie festlegen, welche medizinische Wirkung Sie von dem Tee erwarten. Soll er schweißtreibend oder entspannend sein? Wenn Sie beispielsweise Husten haben, nutzen Sie nur Pflanzen, die diesem Beschwerdebild entsprechen. Sie können die Wirkungen der Pflanzen im Kapitel „Das Who-is-Who der Besten“ oder zusammengefasst in der Tabelle „Welche Heilpflanze hilft bei welchen Beschwerden“ (Seite 242) nachschlagen.

Das Motto „Viel hilft viel“ gilt für Teemischungen nicht. Jede Pflanze sollte die Möglichkeit haben, ihre arzneiliche Wirkung voll zu entfalten. Das geht nur, wenn sie in entsprechender Menge vertreten ist. Deshalb setzt sich eine gute Mischung aus höchstens 6 bis 8 Heilpflanzen zusammen.

Die Zutaten auswählen

Leitpflanzen

Als erstes benötigen Sie für die Teemischung eine oder zwei **Leitpflanzen**, die sehr gut zu der Krankheit passen. Diese Leit- oder Basispflanzen sollten in der Teemischung mengenmäßig dominieren.Um

Rosen, Kornblumen und Ringelblumen bringen Farbe in den Tee.

die Basis herum werden nun weitere Pflanzen gruppiert, die in der Teemischung eine bestimmte Funktion erfüllen. Man nennt sie **Aromapflanzen**, **Volumenpflanzen** und **Schmuckpflanzen**. Und ganz wichtig: Sie sollen die Wirkung der Leitpflanzen unterstützen. Das heißt, sie müssen bei den gleichen Beschwerden wirksam sein. Die Zutaten der Teemischung werden aus diesen vier Rubriken zusammengestellt. Aus jeder werden in der Regel eine bis zwei Pflanzen ausgewählt.

Aromapflanzen ... bringen Geschmack in die Teemischung und machen sie verträglich, denn ein Heiltee soll auch trinkbar sein Dies ist vor allem wichtig, wenn Kinder ihn trinken sollen. Aromapflanzen haben einen angenehmen Duft, wie z. B. Melisse oder Pfefferminze.

Volumenpflanzen ... sollen den Tee füllig machen und die Mischung zusammenhalten. Sonst würden kleine Bestandteile der Mischung im Vorratsbehälter nach unten rutschen. Volumenpflanzen haben große Blätter oder eine starke Blattbehaarung.

Schmuckpflanzen ... sollen das Aussehen des Tees verbessern. Meist werden dazu bunte Blüten wie Malve oder Ringelblume verwendet. Ein farbenfroher Tee hat auch über die Psyche einen positiven Einfluss auf die Wirkung, vielleicht mehr als Sie denken!

Das 1 x 1 des Mischens

Am Beispiel eines Hustentees wollen wir die Theorie in die Praxis umsetzen. Dazu benötigen Sie die Tabelle auf Seite 220/221. Zunächst wählen Sie die Leitpflanze aus, am besten eine klassische Hustenpflanze wie Spitzwegerich. Anteilsmäßig sollte die Leitpflanze etwa 40 % der Mischung ausmachen. Nun folgt eine Aromapflanze, die Geschmack in die Mischung bringt. Dafür eignen sich Thymian oder Quendel, die beide ebenfalls sehr hustenwirksam sind. Eine Volumenpflanze benötigen Sie eigentlich nicht, da Spitzwegerich schon diese Aufgabe miterfüllt. Trotzdem können Sie noch eine dazunehmen, die sogar noch Geschmack mitbringt: Lindenblüten. Als Schmuckpflanzen eignen sich Malve und Königskerze, die bunte Tupfer in die Mischung zaubern. Auch diese beiden stammen aus der Rubrik Hustenpflanzen. An diesem Beispiel können Sie sehen, dass viele Pflanzen durchaus mehrere Funktionen in einer Mischung erfüllen.

Die **Hustenmischung** würde also folgendermaßen aussehen:
20 g Spitzwegerich: Leitpflanze und Volumenpflanze
10 g Thymian: Aromapflanze
10 g Lindenblüten: Volumenpflanze und Aromapflanze
5 g Malvenblüten: Schmuckpflanze
5 g Königskerzenblüten: Schmuckpflanze

Auch Gartenformen der Malve helfen bei Husten und schmücken den Tee.

Tinkturen verstärken

Mit Tinkturen kann die Wirkung von Tees verbessert werden.

Mithilfe von Tinkturen können Sie den Heilerfolg Ihrer Teemischungen noch verbessern. Tinkturen haben den Vorteil, dass Alkohol hervorragend alle Wirkstoffe aus der Pflanze zieht. Deshalb sind Tinkturen etwas wirksamer als Tees, die vor allem wasserlösliche Stoffe aus den Pflanzen lösen. Sie können die selbst hergestellten Tinkturen (wie das geht, steht auf Seite 138/139) alternativ zum Tee einnehmen, aber Sie können damit auch die Heilwirkung des Tees verstärken. Wenn Sie z. B. einer Tasse Thymiantee noch einige Tropfen Thymiantinktur zugeben, dann haben Sie einen sich perfekt ergänzenden Wirkstoffkomplex. Für eine große Teetasse genügen schon fünf Tropfen Tinktur.
Bei der äußerlichen Anwendung, also beim Gurgeln oder bei Umschlägen, können Sie genauso verfahren. Fügen Sie hier einem Viertelliter Tee 2 TL Tinktur hinzu.

Keine Angst vor Alkohol

Ab und zu wird bei Tinkturen das Lösungsmittel Alkohol kritisiert. Dieses Problem relativiert sich aber, wenn man weiß, dass viele Lebensmittel mehr Alkohol enthalten als eine Dosis Tinktur mit 10 bis 15 Tropfen. So enthält z. B. ein Glas Apfelsaft viermal soviel Alkohol. Ein Vorteil der Alkohol-Tinktur im Vergleich zu Tabletten ist die natürliche Zusammensetzung: Tinkturen enthalten nur Alkohol und Pflanzenwirkstoffe, während in Tabletten ein großes Arsenal an Bindemitteln, Aroma- und Farbstoffen sowie Laktose und Fruktose vertreten ist.

Teemischungs-Übersicht

Jetzt können Sie Ihre ersten Teemischungen selbst zusammenstellen. Die untenstehende Übersicht erklärt die Funktion der Heilpflanzen in der Mischung. Anhand der großen Tabelle auf Seite 128 können Sie Pflanzen aussuchen, die Sie bei den gleichen Beschwerden einsetzen können.

Heilpflanzen auf einen Blick

Wie Sie Teemischungen richtig herstellen, lesen Sie auf den Seiten 216 bis 218. Die Tabelle unten und rechts wird Ihnen eine große Hilfe bei Ihren selbst kreierten Mischungen sein. Die Kurzbegriffe oben in der Tabelle bedeuten:

Basis = Leitpflanze, Basispflanze
Aroma = Aromapflanze, Geschmackspflanze
Volumen = Volumenpflanze, Füllpflanze
Schmuck = Schmuckpflanze, Schönungspflanze

Welche Funktion hat die Pflanze in der Teemischung

Heilpflanze	Basis	Aroma	Volumen	Schmuck
Baldrian	x			
Beifuß	x	x		
Birke	x		x	
Blutwurz	x			
Brennnessel	x		x	
Brombeere	x		x	
Dost	x	x		x
Frauenmantel	x		x	
Gänseblümchen	x			x

Heilpflanze	Basis	Aroma	Volumen	Schmuck
Gänsefingerkraut	x		x	
Goldrute	x		x	
Gundermann	x	x		
Holunder	x	x		x
Hopfen	x	x		
Johanniskraut	x			x
Kamille	x	x		x
Klatschmohn	x			x
Königskerze	x			x
Lavendel	x	x		x
Linde	x	x	x	
Löwenzahn	x		x	
Malve	x			x
Melisse	x	x	x	
Pfefferminze	x	x	x	
Quendel	x	x		x
Ringelblume	x			x
Rotklee	x			x
Schafgarbe	x	x		x
Spitzwegerich	x		x	
Stiefmütterchen	x			x
Taubnessel	x		x	
Thymian	x	x		
Wegwarte	x			x
Weidenröschen	x			x
Weißdorn	x		x	

Tee – einfach optimal

Im Zeitalter der Teebeutel wissen viele gar nicht mehr, wie man einen Heilpflanzentee richtig aufbrüht. Möglichst viele Wirkstoffe sollen sich aus den Blättern und Blüten lösen, so dass Sie einen Tee voller Pflanzenkraft genießen können.

Am besten frisch

Geben Sie die Heilpflanzen lose in die Kanne, dann können sich die Heilstoffe gut entfalten.

Im Sommer können Sie einen Heiltee mit frischen Kräutern aufbrühen, am besten gleich nach dem Sammeln. Frische Kräuter enthalten mehr Wirkstoffe, denn beim Trocknen geht immer etwas verloren. Das Teewasser kann die frischen Pflanzenzellen besser durchdringen und löst sehr schnell viele Heilstoffe heraus. Deshalb benötigen Tees aus frischen Kräutern nur kurze Ziehzeiten von etwa 3 Minuten. Allerdings müssen Sie frische Tees etwas höher dosieren als getrocknete. Sie benötigen etwa die dreifache Menge: Für eine große Tasse (250 ml) nehmen sie 2 Esslöffel (EL) frische oder 2 Teelöffel (TL) getrocknete Kräuter. Für eine Literkanne nehmen Sie 10 bis 12 g frische Kräuter oder 3 bis 4 g getrocknete.

Ganz wichtig: die Kräuter müssen kurz vor dem Aufgießen stark zerkleinert werden, damit die Wirkstoffe sich gut im Wasser lösen. Frische Heilpflanzen werden kleingeschnitten, getrocknete im Mörser oder zwischen den Handflächen zerkleinert.

Freie Entfaltungsmöglichkeiten

Tee muss sich im Wasser entfalten können, damit er seine Inhaltsstoffe gut abgeben kann. Deshalb wird er **lose** in Tasse oder Kanne gegeben. Nach dem Ziehen gießen Sie ihn durch ein Sieb in einen zweiten Behälter ab. Sie können die aufgebrühten Heilkräuter sogar ein zweites Mal aufgießen, so wie es in Asien mit hochwertigem Grüntee gemacht wird. Bei hochwertigen Tees befinden sich so viele Wirkstoffe in den Pflanzenteilen, dass das Wasser im ersten Aufguss gar nicht alle aufnehmen kann. Diese können bei einem zweiten Aufguss genutzt werden. Gießen Sie die abgesiebten Kräuter gleich danach ein zweites Mal auf.

Tee darf nicht kochen

Zuviel Hitze schadet den Heilstoffen. Vor allem die leicht flüchtigen ätherischen Öle verdampfen im kochenden Wasser. Die Heilstoffe sollen aber im Tee bleiben und nicht zur Küchendecke steigen. Deshalb gießen Sie den Tee nur mit **heißem Wasser** auf. Sobald es zu kochen beginnt, wird es vom Herd genommen und erst nach 3 Minuten Wartezeit über den Tee gegossen. Kanne oder Tasse gleich danach mit einem Deckel verschließen, damit alles, was trotzdem noch hochsteigt, wieder in den Tee zurückperlt.

Ziehzeiten

Getrocknete Tees benötigen etwas längere Ziehzeiten als frische. 5 bis 7 Minuten sind für die meisten Wirkstoffe optimal. Nur gerbstoffhaltige Heilpflanzen, die man z. B. zum Gurgeln benötigt, sollten mindestens 10 Minuten ziehen.

Die grüne Hausapotheke

Sie haben nun Ihre Pflanzen getrocknet oder zu Tinkturen verarbeitet. Nun besitzen Sie eine kleine Hausapotheke, mit der Sie viele Ihrer Beschwerden lindern können. Hier erfahren Sie, welche Heilpflanzen bei den verschiedenen Beschwerden eingesetzt werden können.

Selbstbehandlung oder Arzt?

Husten, Halsweh oder eine kleine Hautabschürfung ... viele Beschwerden können Sie mit Ihren eigenen Hausmitteln behandeln. Wenn Sie sich selbst behandeln und sich nach drei Tagen noch keine Besserung einstellt, dann sollten Sie unbedingt einen Arzt oder Heilpraktiker hinzuziehen. Wenn dann die richtige Diagnose gestellt ist, kann er Ihnen sagen, inwiefern Sie Heilpflanzen begleitend und unterstützend einsetzen können.

Psychische Beschwerden

Das moderne Leben des 21. Jahrhunderts ist häufig geprägt von Stress, Terminen, Leistungsdruck, Informationsflut und Existenzängsten. Deshalb haben in den letzten Jahren psychische Beschwerden zugenommen. Sie äußern sich in Nervosität, Unruhe, Erschöpfung, Schlafstörungen, Depressionen oder Ängsten. Viele dieser Beschwerden lassen sich ausgezeichnet mit Heilpflanzen behandeln. Vor allem bei leichteren Störungen ist es meist möglich, sich mit Heilpflanzen selbst zu helfen.

Neben der Behandlung mit Heilpflanzen sollten Sie auch allgemeine Maßnahmen umsetzen, die den langfristigen Erfolg sichern. Gesunde Ernährung, erholsamer Schlaf, Konflikt- und Zeitmanagement sowie Entspan-

Lavendel – der Seelentröster.

nung, Bewegung und soziale Kontakte sind wichtige Energiequellen für Ihre Seele.

Schlafstörungen, Nervosität, Erschöpfung

Die Natur liefert eine ganze Reihe von Heilpflanzen, die beruhigend, entspannend und schlaffördernd wirken. Dazu gehören vor allem Baldrian, Hopfen, Lavendel, Melisse, Linde und Kamille. Nutzen Sie die Kraft dieser Kräuter in Teemischungen oder als Tinktur. Allerdings müssen Sie bedenken, dass die behutsam wirkenden Kräuter ihre Kraft erst nach einigen Tagen Einnahme voll entfalten. Haben Sie etwas Geduld und trinken Sie den Tee mehrere Wochen lang. Keine Angst, diese Kräuter machen nicht müde, so dass Sie den Tee auch tagsüber trinken können. Lediglich der Hopfen sollte in größeren Mengen nur in den Abendstunden genossen werden. Rezeptvorschläge finden Sie auf den Seiten 142, 194 und 206. Mit den gleichen Pflanzen können Sie auch entspannende Kräuterbäder (50 g pro Vollbad) oder schlaffördernde Kräuterkissen herstellen.

Hallo-Wach-Tee

> 3 Teile Rosmarinzweige
> 2 Teile Thymianzweige
> 2 Teile Weißdornblätter

Es müssen nicht immer beruhigende Kräuter sein: Bei akuten Erschöpfungszuständen können Sie auch einmal einen anregenden, kreislaufstärkenden Tee probieren.
Tee zerkleinern und 2 TL davon in eine große Tasse geben. Heißes Wasser darüber und 7 Minuten ziehen lassen. Davon morgens und mittags eine Tasse trinken. Nicht abends, damit Ihr gesunder Schlaf nicht gestört wird. Auch der beliebte Grüntee aus Asien kann den Organismus stimulieren, weshalb er sich ebenfalls als Beimischung anbietet.

Ängste, Depressionen

Rosmarin – der Wachmacher.

Die meisten Menschen kennen depressive Verstimmungen. Sie äußern sich in Niedergeschlagenheit und Traurigkeit, die meist bald vorübergehen. Kommen jedoch Gefühle von Verzweiflung oder Hoffnungslosigkeit hinzu und dauern die Symptome über Wochen oder gar Monate an, so ist die Erkrankung ernster und deutet auf eine Depression hin. Bei einer Depression sollten Sie sich unbedingt psychologische Hilfe holen. Vorübergehende Verstimmungen und Ängste können durchaus mit Heilpflanzen gelindert werden. Die wichtigste Pflanze ist dabei das antidepressiv wirkende Johanniskraut. Seine

Johanniskraut bringt Licht ins Leben.

Wirkung steigert sich langsam bei einer regelmäßigen Einnahme über einen längeren Zeitraum. Unterstützend wirken auch Baldrian, Lavendel und Melisse sowie das Kraut der Passionsblume. Letzteres stammt aus den Tropen Südamerikas. Sie können es nicht selbst sammeln, aber in der Apotheke besorgen.

Gute Laune-Tropfen

- 30 g Johanniskraut
- 20 g Lavendelblüten
- 200 ml Rum

Da Johanniskraut als Tinktur stärker wirkt als der daraus hergestellte Tee, können Sie sich eine Tinkturmischung aus frischem Johanniskraut und Lavendel herstellen. Beide sind auch etwa zur gleichen Zeit erntereif.

Übergießen Sie die klein geschnittenen Kräuter mit Alkohol und lassen das Ganze in einem geschlossenen Glas 1 Woche ausziehen. Absieben und dreimal täglich 20 Tropfen in Tee einnehmen.

Erkältungskrankheiten

Jeder kennt Erkältungen aus eigener Erfahrung. Gemeint sind damit durch Viren hervorgerufene Infektionen der Atemwege. Das äußert sich dann meist als Halsweh, Husten, Schnupfen und Fieber. Gegen fast jede Atemwegserkrankung ist ein Kraut gewachsen und sie kann mithilfe von Tees, Tinkturen, Gurgellösungen oder Inhalationen gelindert werden.

Abwehrkräfte mobilisieren

Meist beginnen Erkältungskrankheiten langsam. Sie fühlen sich unwohl und merken, dass etwas nicht stimmt. Wenn Sie jetzt gleich reagieren, ist es möglich den Infekt noch abzuwehren. Nutzen Sie dazu Heilpflanzen, die die **Abwehrkräfte** des Körpers steigern. Dazu gehören Holunder, Linde, Roter Sonnenhut und Thymian.

Holunderblütentee wirkt Erkältungen entgegen.

Weg mit den Viren

- 3 Teile Holunderblüten
- 2 Teile Lindenblüten
- 1 Teil Thymianzweige
- 1 Teil Kamille

Tee zerkleinern und 2 TL davon in eine große Tasse geben. Heißes Wasser darüber gießen und 7 Minuten ziehen lassen. Etwas Honig dazugeben und 3-mal täglich eine Tasse trinken. Am besten ins warme Bett liegen und die Krankheit „ausschwitzen". Durch Schwitzen wird das Immunsystem angeregt. So können Sie mit diesem Tee einer drohenden Infektion Paroli bieten oder sie zumindest etwas abmildern.

Sonnenhut mobilisiert das Immunsystem.

Bronchitis und Husten

Bronchitis nennt man eine Entzündung der Atemwege. Es ist wohl die häufigste Erkältungskrankheit, die meist mit einem Hustenreiz beginnt und dann zu einer starken Verschleimung führt. Je nachdem, ob Sie einen verschleimenden Husten oder einen Reizhusten haben, müssen Sie unterschiedliche Heilpflanzen auswählen.

Dem **festsitzenden Schleim** sollten Sie mit schleimlösenden und auswurffördernden Heilpflanzen zu Leibe rücken. Dadurch wird das Abhusten erleichtert und es können sich keine Bakterien festsetzen. Zu diesen Heilpflanzen gehören Dost, Gänseblümchen, Fenchel, Holunder, Königskerze, Quendel und Thymian. Schon nach wenigen Tassen wird sich eine deutliche Linderung einstellen. Rezeptvorschläge finden Sie auf den Seiten 154, 176, 182, 184, 192 und 204.

Sonnenhut für das Immunsystem

Die bekannteste Pflanze, um das Immunsystem anzukurbeln, ist der Rote Sonnenhut, häufig auch *Echinacea* genannt. Sollten Sie diese aus Amerika stammende Pflanze im Garten haben, dann können Sie aus Blüten und Blättern eine sehr wirksame Tinktur herstellen. Nicht länger als 2 Wochen einnehmen.

Reizhusten

Beim **Reizhusten** kommen andere Heilpflanzen zum Einsatz. Dieser Husten ist trocken, ohne Auswurf und meist schmerzhaft. Jeder Hustenstoß reizt die wunde Schleimhaut aufs Neue. Deshalb werden schützende und reizlindernde Heilstoffe benötigt. Diese finden sich in schleimhaltigen Pflanzen wie z. B. Malve, Linde, Klatschmohn und Spitzwegerich.

Hals-Schmeichler

> 2 Teile Linde
> 1 Teil Spitzwegerich
> 1 Teil Malvenblüten

Tee zerkleinern und 2 TL davon in eine große Tasse geben. Warmes (kein heißes!) Wasser darüber gießen und 10 Minuten ziehen lassen. Heißes Wasser zerstört die wichtigen Schleimstoffe, warten sie also nach dem Kochen 10 Minuten, bevor Sie das Wasser zugeben. Sie können den Tee mit etwas Honig süßen. Ungesüßt ist dieser Tee auch ideal als Gurgelmittel bei Entzündungen im Hals. Wenn der Hals sich wund, trocken und kratzig anfühlt, dann legen die darin enthaltenen Schleimstoffe einen wohltuenden Schutzfilm auf die schmerzenden Schleimhäute. Wenn der Hals gerötet, geschwollen und heiß ist, nutzen Sie das Gurgel-Rezept auf Seite 150.

Reizlindernd: Der Hals-Schmeichler.

Holunderblüten lindern jede Erkältung.

Schnupfen

Der Schnupfen gehört ebenfalls zu den häufigen Begleiterscheinungen einer Erkältung. Mithilfe von Heilpflanzen können Sie die Entzündung der Nasenschleimhaut deutlich abmildern. Zunächst einmal sind warme Füße besonders wichtig. Machen Sie Fußbäder mit Holunder- und Lindenblüten oder nutzen Sie eine Wärmflasche und Wollsocken. Dampfinhalationen mit Heilpflanzen befeuchten die

Warme Fußbäder unterstützen den Heilungsprozess.

Schleimhäute, erleichtern die Atmung und bringen die verstopfte Nase zum Laufen.

Nase frei

Geben Sie von dieser Mischung 4 EL in eine große Schüssel. Den Fenchel sollten Sie vorher im Mörser zerstoßen. Mit 2 Liter heißem Wasser übergießen. Nun den Kopf darüber halten und mit einem großen Handtuch zeltartig bedecken. Die Dämpfe 10 Minuten lang einatmen und anfangs nicht zu dicht über die Schüssel gehen, damit Sie sich die Nasenschleimhäute nicht verbrühen. Aus der gleichen Mischung können Sie sich auch einen „Schnupfentee" aufbrühen und über den Tag verteilt einen Liter trinken. Ein Schuss Zitronensaft sorgt für die nötigen Vitamine.

- 2 Teile Kamillenblüten
- 2 Teile Holunderblüten
- 1 Teil Fenchelsamen
- 1 Teil Thymian

Magen-Darmstörungen

Störungen des Verdauungssystems sind sehr häufig und äußern sich vielfältig. Typische Symptome sind Appetitlosigkeit, Blähungen, Übelkeit, Durchfall und Völlegefühl. Sehr häufig liegen die Ursachen in unseren Essgewohnheiten: zu viel, zu fett und zu schnell. Bei der Ursachensuche dürfen Nahrungsmittelunverträglichkeiten und -allergien nicht außer Acht gelassen werden. Glücklicherweise steht Ihnen eine große Anzahl von Heilpflanzen zur Verfügung, um Verdauungsprobleme zu lindern. Je nach Beschwerdebild lassen sie sich in verschiedene Gruppen einteilen. Daraus wählen Sie dann die entsprechenden Pflanzen für eine Teemischung aus. Rezeptvorschläge finden Sie auch auf den Seiten 158 und 166.

Appetitlosigkeit Bitterstoffhaltige Pflanzen, die die Verdauungssäfte anregen: Beifuß, Hopfen, Löwenzahn, Salbei, Schafgarbe, Tausendgüldenkraut, Wegwarte und Wermut.

Blähungen Krampflösende und entblähende Pflanzen: Fenchel, Kamille, Kümmel und Lavendel.

Magenkrämpfe Krampflösende Pflanzen: Dost, Gänsefingerkraut, Kamille, Melisse, Pfefferminze und Thymian.

Übelkeit und Erbrechen Brechreizlindernde Heilpflanzen: Kamille, Melisse, Pfefferminze und Ingwerwurzel.

Durchfall Zusammenziehende und keimhemmende Pflanzen: Blutwurz, Brombeere, Frauenmantel, Gänsefingerkraut, Kamille und Schwarztee. Daraus hergestellter Tee muss jedoch mindestens 10 Minuten ziehen, damit sich möglichst viele heilsame Gerbstoffe herauslösen. Geschmacklich ist das natürlich eine kleine Herausforderung!

Magenschleimhautentzündung Reizlindernde und entzündungshemmende Heilpflanzen: Eibisch, Malve, Melisse, Kamille, Lavendel, Ringelblume und Süßholzwurzel.

Kamille beruhigt den Magen.

Magen-Schmeichler

Tee zerkleinern und 2 TL davon in eine große Tasse geben. Heißes Wasser darüber gießen und 5 Minuten ziehen lassen. Hilfreich bei verdorbenem Magen, Übelkeit und Magenkrämpfen. 3-mal täglich eine Tasse trinken.

- 2 Teile Pfefferminze
- 1 Teil Kamillenblüten
- 1 Teil Melissenblätter
- 1 Teil Gänsefingerkraut

Menstruationsbeschwerden

Im Zusammenhang mit dem monatlichen Zyklus treten recht häufig krampfartige Schmerzen im Unterleib auf, die oftmals bis in den Rücken ziehen. Vielfach werden die Menstruationsbeschwerden von Kopfschmerzen und Stimmungsschwankungen begleitet.

Wärme entspannt, gönnen Sie sich deshalb eine Wärmflasche oder ein warmes Sitzbad (Seite 144). Außerdem gibt es noch eine ganze Reihe frauenspezifischer Heilpflanzen mit krampflösenden und beruhigenden Eigenschaften. Sie eignen sich vorzüglich für einen „Menstruationstee" oder eine entsprechende Tinktur: Gänsefingerkraut, Frauenmantel, Kamille, Melisse und Schafgarbe. Trinken Sie den Tee schon eine Woche vor der erwarteten Blutung. Rezepte finden Sie auf den Seiten 168 und 174.

Goldrute wirkt antibakteriell und harntreibend.

Harnwegserkrankungen

Blasenentzündungen entstehen meist durch Bakterien. Begünstigt werden sie durch Nässe, Kälte und Zugluft. Die Entzündung beginnt mit Beschwerden beim Wasserlassen. Das äußert sich meist in einem häufigen Harndrang mit schmerzhaftem Brennen.

Die Blasenentzündung gehen Sie am besten von zwei Seiten her an: Erstens werden die Harnwege mit antibakteriell wirkenden Heilpflanzen desinfiziert. Dazu gehören vor allem Bärentraubenblätter, Cranberry-früchte und Goldrute. Zweitens sollten die Harnwege mit harntreibenden Heilpflanzen durchspült werden. Die vermehrte

Harnausscheidung verhindert eine Vermehrung der Keime und deren Anlagerung an die Schleimhäute der Harnwege. Wirksame Durchspülungspflanzen sind Birke, Brennnessel, Goldrute und Löwenzahn. Mischen Sie einen Tee, in dem beide Gruppen vertreten sind. Insgesamt sollten täglich 4 bis 5 Tassen getrunken werden. Bärentraubenblätter können Sie sich in der Apotheke besorgen. Die Einnahme von Bärentraubenblättern sollte aufgrund des hohen Gerbstoffgehaltes auf 1 Woche begrenzt werden und höchstens 5–6 mal im Jahr durchgeführt werden.

Wasser marsch!

- 2 Teile Bärentraubenblätter
- 2 Teile Birkenblätter
- 1 Teil Brennnesselblätter
- 1 Teil Goldrute
- 1 Teil Kamillenblüten

Tee zerkleinern und 2 TL davon in eine große Tasse geben. Heißes Wasser darüber gießen und 7 Minuten ziehen lassen. Bei Teemischungen, die „durchspülende Pflanzen" enthalten, ist es wichtig, dass Sie immer zusätzlich zum Tee genügend Flüssigkeit trinken. Trinken Sie täglich 4 Tassen Tee und 2 Liter Flüssigkeit, am besten Wasser. Bitte beachten: Durchspülungskuren dürfen nicht durchgeführt werden bei eingeschränkter Herz- oder Nierentätigkeit! Weitere Rezepte finden Sie auf den Seiten 162, 190 und 208.
Alle Durchspülungs-Pflanzen können Sie auch zur Entgiftung und für Frühjahrskuren nutzen. Außerdem sind sie wegen ihrer stoffwechselanregenden Wirkung hilfreich bei rheumatischen Erkrankungen und Hautkrankheiten.

Wunden versorgen

Kleine Verletzungen wie Schürf- und Schnittwunden kommen im Alltag immer wieder vor. Deshalb sollten Sie zu deren Versorgung ein paar Heilpflanzenzubereitungen in der Hausapotheke haben. An erster Stelle stehen Kamille, Ringelblume und Lavendel, die alle hervorragende wundheilungsfördernde und entzündungshemmende Eigenschaften besitzen. Damit versorgte Wunden heilen sehr schnell ab. Ebenfalls hilfreich sind gerbstoffhaltige Pflanzen wie Blutwurz, die zusammenziehend wirken. Die Wunden werden mit feuchten Kompressen versorgt, entweder aus Tee oder verdünnter Tinktur. Salben sollten Sie nicht auf offene Wunden streichen, denn sie verschließen die Verletzung und fördern so die Entstehung von Keimen.

Aus getrockneten Kamillenblüten können Sie Tee, Bäder und Kompressen herstellen.

Ringelblume ist die Nummer eins der Wundheiler.

Wundheiler

- 10 g frische Kamille
- 20 g frische Ringelblumen
- 10 g Blutwurz-Wurzeln
- 200 ml Alkohol, ca. 40% vol.

Bereiten Sie sich aus den zerkleinerten Kräutern und dem Alkohol eine Tinktur (siehe Seite 139). Gelegentlich schütteln und nach einer Woche abfiltern. Frische Pflanzen sind wirksamer, aber sie können auch getrocknete nehmen. Mit dieser Tinktur werden die Wunden gereinigt und abgetupft. Dazu muss sie verdünnt werden und zwar 2 TL Tinktur auf 1/4 Liter Kamillentee. Bei jedem Verbandswechsel wird die Verletzung erneut betupft. Für eine feuchte Kompresse tränken Sie damit einen mehrlagigen Verbandsmull und fixieren ihn auf der zu behandelnden Stelle.
Es gibt auch Pflanzen, die Sie unterwegs zur Ersten Hilfe nutzen können. Vor allem bei Insektenstichen und kleinen Schürfungen können frisch ausgequetschte Pflanzensäfte Linderung bringen. Spitzwegerich und Gänseblümchenblätter werden von alters her als „Wiesenpflaster" verwendet. Zerreiben Sie dazu mehrere Blätter zwischen den Handflächen, bis Saft austritt, und tupfen Sie damit die betroffene Stelle ab.

Was hilft wobei?

Heilpflanzen besitzen ein großes Arsenal an Inhaltsstoffen. Deshalb kann eine einzelne Heilpflanze bei verschiedenen Beschwerden hilfreich sein. In dieser Übersicht können Sie sich auf einen Blick sachkundig machen und die zum Beschwerdebild passenden Pflanzen aussuchen.

Abkürzungen in der Übersicht

Harnw. Harnwegserkrankungen: Blasenentzündung, Prostatabeschwerden

Erkält. Erkältungskrankheiten: Halsweh, Husten, Schnupfen, Fieber

Frauen Frauenbeschwerden: Menstruationsbeschwerden, Wechseljahrsbeschwerden

Haut Hauterkrankungen: Verletzungen, Wunden, Akne, Hautreizungen

Psyche Psychische Beschwerden: Nervosität, Unruhe, Schlafstörungen, Depression, Ängste

Magen Verdauungsbeschwerden: Appetitlosigkeit, Magen-Darmbeschwerden, Durchfall, Übelkeit, Gallenbeschwerden

Welche Heilpflanze hilft bei welchen Beschwerden?

Heilpflanze, Seite	Harnw.	Erkält.	Frauen	Haut	Psyche	Magen
Baldrian 142					x	
Beifuß 200			x			x
Birke 208	x			x		
Blutwurz 166				x		x
Brennnessel 202	x					

Heilpflanze, Seite	Harnw.	Erkält.	Frauen	Haut	Psyche	Magen
Brombeere 150				x		x
Dost 182		x				x
Frauenmantel 174			x			x
Gänseblümchen 156	x	x		x		
Gänsefingerkraut 168			x	x		x
Goldrute 164	x					
Gundermann 192		x		x		
Holunder 154		x				
Hopfen 206			x		x	x
Johanniskraut 170				x	x	
Kamille 158			x	x		x
Klatschmohn 176		x			x	
Königskerze 172		x		x		
Lavendel 194				x	x	x
Linde 210		x			x	
Löwenzahn 162	x					x
Malve 188		x		x		
Melisse 148			x		x	x
Pfefferminze 180						x
Quendel 184		x	x			x
Ringelblume 160				x		x
Rotklee 178		x	x			
Schafgarbe 144			x	x		x
Spitzwegerich 204		x		x		
Stiefmütterchen 196	x	x		x		
Taubnessel 146		x	x	x		
Thymian 186		x				x
Wegwarte 198						x
Weidenröschen 190	x					
Weißdorn 152: Herz						

Erntezeit für Beeren

Der passende Zeitpunkt

Erst einmal ist es wichtig zu wissen, wann welche Früchte reif sind. Die Natur folgt ja ihrem immer wiederkehrenden Kreislauf: erst keimen, dann heranwachsen bis zur Blüte, Früchte bilden und reifen lassen, Samen ausbreiten, und dann geht alles wieder von vorne los.

Sommer, Herbst und Winter

Auch wenn einige meinen, Früchte gäbe es nur im Herbst – jede Pflanze hat ihren ganz eigenen Rhythmus, in dem sie ihre Früchte reifen lässt. Wer es geschickt anstellt, kann sich ein halbes Jahr an frischen Beeren und Nüssen laben. Nur ein bisschen Know-how gehört dazu.

Zu wissen, wann Sie nach welchen Leckereien Ausschau halten müssen, ist von großem Vorteil. So können Sie ernten, bevor Ihnen andere Sammler, Tiere oder Verwesungsorganismen zuvorkommen. Achten Sie bei aller Begeisterung für das „gefundene Fressen" aber genau darauf, ob die Früchte auch wirklich vollreif sind. Die sicheren Indizien dafür finden Sie in diesem Buch bei den Porträts ab Seite 264 unter „Sammelzeit".

Früher Vogel ...

... fängt den Wurm?
Wer früh aufsteht, um Beeren und Nüsse zu sammeln, ist vielleicht vor den anderen da. Für die Qualität der Ernte ist es aber optimal, Sie sammeln mittags, wenn kein Tau mehr auf den Früchten ist. Vor allem, wenn Sie Ihre Ernte sowieso trocknen lassen wollen, ist das ein wesentlicher Vorteil.

So ungefähr

Natürlich richtet sich die Natur nicht nach genauen Kalendertagen. Je nach Witterung und Standort der Pflanze sind bestimmte Früchte im einen Jahr früher, im anderen Jahr später dran. Die groben Zeitpläne aber werden insgesamt eingehalten. In welchen Monaten Sie welche Beeren finden können, zeigt die Übersicht.

Sammelzeit für kostenlose Früchte

	Juni	Juli	Aug	Sept	Okt	Nov	Dez
Wald-Erdbeere	×	×	×	×			
Himbeere			×	×	×	×	
Preiselbeere				×	×	×	
Berberitze			×	×	×	×	
Hagebutte			×	×	×	×	
Vogelbeere			×	×	×	×	
Kornelkirsche			×	×			
Vogel-Kirsche		×	×				
Sanddorn				×	×	×	
Heidelbeere		×	×	×			
Brombeere		×	×	×	×		
Kratzbeere		×	×	×	×		
Mahonie				×	×	×	
Felsenbirne		×	×	×			
Schlehe					×	×	×
Schwarzer Holunder		×	×	×			
Esskastanie					×	×	
Walnuss	×			×	×		
Haselnuss				×	×		
Buchecker					×	×	

Sie sind überall

Fast an jeder Ecke können Sie Früchte ernten, ohne vorher einen Finger krumm gemacht zu haben: kein Unkrautjäten, kein Düngen, Hegen oder Pflegen und zudem keinerlei Kosten, die auf Sie zukommen. Paradiesische Zustände!

Mit offenen Augen

Versprochen: Wer die Augen aufsperrt und lernt, die Früchtchen um sich herum in essbar und ungenießbar einzuteilen, wird über das reichliche Angebot staunen.

Brombeergestrüpp wuchert fast überall, wenn man es lässt.

Auf dem Weg zur Arbeit, beim Joggen oder Fahrradfahren werden Sie schon bald einige gute Stellen entdecken.

Sie brauchen mit der Suche auch nicht erst anzufangen, wenn die Früchte da sind. An den Blüten und Blättern erkennen Sie – mit diesem Buch und ein bisschen Übung – schon frühzeitig, ob die Pflanze Ihnen in einigen Wochen oder Monaten Essbares bescheren wird. Dann müssen Sie nur noch die Vollreife abwarten.

Schön ordentlich angepflanzt

Viele Früchte finden sich – meist ungeachtet ihrer kulinarischen Qualitäten – direkt vor Ihrer Haustür: In Gärten und Parks, Alleen und sogar auf Verkehrsinseln wachsen die entsprechenden Bäume und Sträucher. Kornelkirschen, Mahonien, Berberitzen, Holunder und Ebereschen beispielsweise gibt es innerorts recht häufig. Wenn die Luft durch Abgase nicht allzu sehr belastet ist und das Ernten nicht offiziell verboten ist, heißt es also einfach: Zugreifen!

Preiselbeeren brauchen Natur um sich.

Wilde Ecken sind überall

Manche Pflanzen wachsen scheinbar überall. Sie wuchern wie Unkraut, egal, wie kultiviert es in ihrer Umgebung zugeht. In diesem Fall kann uns das nur recht sein. Vor allem Brombeeren und Himbeeren sind solche Kandidaten: Sie gedeihen an Zäunen, auf Bauschutt und Brachflächen.

In freier Natur

Am schönsten ist es auf jeden Fall, in der freien Natur zu sammeln, denn die Sammeltour wird dann zum Naturerlebnis und zur Frischluftkur. Die gesunde Luft tut auch den Früchten gut, da sie weniger durch Abgase belastet sind.

Außerdem finden sich einige der feinen Früchte nur hier: Heidelbeeren, Preiselbeeren und Schlehen zum Beispiel brauchen die Freiheit unserer Wälder und wilden Hecken. Andere Früchte sind in der Natur in ganz anderen Größenordnungen vorhanden. Auf Bucheckern etwa stößt man in Dörfern und Städten nur hier und da, unsere Laubwälder aber sind voll davon.

Hier lieber nicht

Bei aller Vorfreude auf den Fruchtgenuss sollten Sie stets die zwei Grundsätze des Sammlertums im Hinterkopf haben:

1. **Beeren wachsen nicht nur für den Beerensammler.**
2. **Nicht jede Frucht ist fein und gesund.**

Absolut tabu

Es gibt Orte, die wirken auf den ersten und auch noch auf den zweiten Blick wild und frei. Die Natur scheint intakt zu sein, eine Wonne! Allerdings sind heute im dicht besiedelten Mitteleuropa solche Plätze rar und gleichzeitig wertvoll geworden. Damit diese Gebiete auch so schön bleiben und nicht vom Menschen zerstört werden, sind viele von ihnen gesetzlich geschützt. Alles, was im Nationalpark oder Naturschutzgebiet wächst, ist daher für Beerensammler allenfalls

Berberitzen und andere Wildfrüchte in der Stadt können leider sehr mit Abgasen belastet sein.

Anschauungsmaterial. Hier sollte der Mensch die Natur in Ruhe lassen und nicht in ihre Kreisläufe eingreifen. Also bitte: Auch nicht „nur ein bisschen sammeln", selbst wenn noch so viele Früchtchen Ihnen das Wasser im Munde zusammenlaufen lassen. Drei gute Gründe dafür, die jeder kennen sollte:

- Die Pflanzen selbst brauchen die Früchte für ihre Ausbreitung.
- Andere Organismen im Ökosystem brauchen sie ebenfalls, zum Beispiel als Nahrung.
- Sie machen sich mit dem Sammeln in geschützten Gebieten strafbar!

Übrigens: Auch in öffentlichen Gärten ist das Beerenpflücken nicht immer erlaubt. Aber: Fragen kostet nichts!

Wald-Erdbeeren auf der Gassiroute sollten Sie besser stehen lassen.

Gespritzt und mit Abgas

Wildfrüchte spritzen – wer macht denn so was? Mit Absicht sicherlich niemand (zumal wilde Sorten weniger anfällig sind als Kulturpflanzen). Doch leider bekommt die Felsenbirne im Weinanbaugebiet, die Kornelkirsche neben dem Maisfeld und der Holunder direkt an der B 14 zu viel Ungesundes ab. Wer auf abgas- oder pestizidbelastete Früchte verzichten will, sollte sich lieber einen Sammelort suchen, an dem die Luft einigermaßen sauber ist.

Igitt

Noch einen Ort – besser gesagt ein Örtchen – sollten Sie meiden: Hundepipi-Stellen. Denken Sie immer daran, dass viele der Vierbeiner schon vor Ihrer Sammeltour Gassi waren. Auf ihren Hauptrouten sollten Sie daher nicht in Hundepipi-Höhe pflücken, das könnte den Geschmack beziehungsweise den Appetit verderben. Der Fuchsbandwurm ist noch ein wichtiges Thema; dazu mehr auf Seite 253.

Und so geht's

Alle sieben Sachen

Früchte im Vorbeilaufen mitnehmen geht immer irgendwie. Mit der richtigen Ausrüstung gehen Sie aber bestimmten Risiken aus dem Weg: Flecken auf dem Lieblingspulli, zermatschte Früchte, Vergiftungen oder zerrissene Klamotten.

Von Kopf bis Fuß

Manchmal muss man sich durch dorniges oder dichtes Gestrüpp kämpfen, um zum Objekt der Begierde zu gelangen, außerdem können manche Früchte gewaltig färben. Daher ist es nicht verkehrt, eher **ältere Klamotten** anzuziehen und – vor allem, wenn Sie am Abend noch ein Date haben – **Handschuhe** mitzunehmen. Auch das richtige **Schuhwerk** ist essenziell: Die schönsten Früchte wachsen scheinbar naturgemäß nicht direkt am Weg, sondern ganz oben an der Böschung, drüben an der sumpfigen Stelle oder am anderen Ende des dichten Gebüschs. Und: Wie bei jeder Unternehmung unter freiem Himmel sollten Sie natürlich auch an **Regenschutz** denken.

Statt Gegengift

Vor Ort müssen Sie die giftigen von den essbaren Wildfrüchten sicher unterscheiden können. Für „Sofortnascher" ist auch die Information wichtig, ob sie nur gekocht oder auch roh verträglich sind.

Als Einsteiger haben Sie dabei zwei Möglichkeiten: Entweder Sie packen ein **Buch** wie dieses ein und vergleichen aufmerksam alle entscheidenden Merkmale der Pflanze; oder Sie nehmen einen erfahrenen Sammler mit auf Ihre Tour. Eine App kann helfen, bietet aber keine Sicherheit.

Erntehelfer

Sofern Ihr erfahrener Begleiter schon volle Gefriertruhen hat, ist er sicherlich als Erntehelfer gut einsetzbar. Wer zusätzliche Hilfe braucht, bedient sich einiger Werkzeuge, die die Ernte erleichtern und beschleunigen:

- **Gartenschere:** Gerade bei kleinen Beeren, die in Schirmen zusammenhängen, bietet sich der Gebrauch einer Schere an. So schneiden Sie den ganzen Schirm ab und machen sich erst zu Hause mit einer Gabel ans Abbeeren.
- **Baumschere:** Die schönsten Früchte sind oft ganz oben in der Krone. Nur Abenteuerlustige werden es wagen, sie mithilfe von Kletterkünsten zu erreichen. Eine Baumschere – am besten mit Teleskopstange – kann für Leute, die lieber auf dem Boden bleiben, sehr nützlich sein. Aber bitte nur die Früchte oder Fruchtstände damit abschneiden, nicht ganze Zweige.
- **Leiter:** Ist der Sammelplatz nur wenige Meter vom Haus entfernt, können Sie mit einer stabilen Leiter Mutproben vermeiden.

Das Sammelgefäß schlechthin: ein luftiger Korb.

Zum Abtransport ...

... dient ein luftiges Gefäß, in dem die Früchte nicht gequetscht werden. Seit Jahrhunderten bewährt hat sich der klassische Weidenkorb.

Beerenkamm?

Was früher in keinem Haushalt fehlte, ist heute nicht mehr zu empfehlen. Der Beerenkamm, der vor allem zur Blaubeerernte eingesetzt wurde, kann die wilden Pflanzen beschädigen und damit schwächen.

Know-how zur Sicherheit

Beerensammeln ohne sich dabei zu vergiften oder sich mit unangenehmen Krankheiten anzustecken kann jeder. Das ist wirklich keine Hexerei – vorausgesetzt, Sie beachten dabei die wichtigsten Regeln für Ihre eigene Sicherheit.

Beeren per se

Beerensammler ganz ohne Vorkenntnisse sind oft etwas nervös, wenn sie sich die erste selbst gesammelte Beere in den Mund stecken. Zu Recht! Da draußen in der Wildnis gibt es durchaus gefährliche Früchte, die sogar tödlich giftig sein können. Deshalb müssen die Früchte haargenau identifiziert werden. Folgendermaßen gehen Sie vor:

1. Lesen Sie alle Hinweise zum Sammeln und Bestimmen aufmerksam durch, bevor Sie das erste Mal auf Beerentour gehen.
2. Vergleichen Sie **vor** dem Pflücken alle Merkmale im Text und auf dem Bild ganz genau mit Ihrem Fundstück.
3. Beachten Sie, in welchem Zustand (auch roh oder nur gekocht?) die Früchte ungefährlich sind. Und für den Fall, dass Sie sich immer noch nicht zu hundert Prozent sicher sind:
4. Lassen Sie zweifelhafte Früchte lieber stehen! Es gibt keinen Grund, ein Risiko einzugehen.

Zecken checken

Nicht nur, dass ihre Bisse lästig jucken. Zecken können uns auch mit gefährlichen Krankheiten, vor allem Borreliose und FSME, infizieren. Gegen Letztere können Sie sich mittels Impfung schützen, nicht aber gegen

Borreliose; deshalb am besten die Krabbler nie zu nahe an sich heranlassen.
Gerade in zeckenreichen Landstrichen sollten Sie möglichst viel zur Vorbeugung tun. Einfach und recht sicher ist eine mechanische Vorbeugung: lange Hosen tragen und sie – auch wenn's nicht schick aussieht – in die Socken stecken, das Streifen von Gräsern und Unterholz meiden (denn hier lauern sie, nicht oben auf den Bäumen) und nach der Sammeltour den Körper gründlich nach „neuen Muttermalen" absuchen beziehungsweise absuchen lassen. Zusätzlich können Sie den Tieren mit Anti-Zecken-Hautsprays und -Lotionen den Appetit verderben.

Der Fuchsbandwurm ...

... macht den Menschen seit Jahrzehnten Angst vor rohen Wildpflanzen. Fakt ist aber: Die Infektion taucht ausgesprochen selten auf und wird meist über Tiere, die befallene Nager gefressen haben, auf den Menschen übertragen. Ein Zusammenhang zwischen Wildfruchtkonsum und Infektionsrisiko konnte bisher nicht nachgewiesen werden. Landwirte und Hundebesitzer stellen die größte Risikogruppe dar. Das ist doch eine erfreuliche Aussage für Beerensammler!
Leute, die trotz allem immer noch vorsichtig sein wollen, sollten ihr Sammelgut für wenige Minuten auf 60 °C erhitzen, dann sind die Erreger der gefürchteten Echinokokkose sicher abgetötet.

Zugreifen darf nur, wer sich beim Bestimmen ganz, ganz sicher ist.

Zweifellos bestimmen

Essbare Früchte jenseits des Erdbeerfeldes eindeutig zu bestimmen, ist für die Gesundheit Ihrer Gäste und der Ihren das Wichtigste. Keine Angst: Es ist keine allzu große Kunst, die gängigsten Wildfrüchte zu erkennen – solange Sie wie folgt vorgehen.

1. Der Blick von weitem

Mit einigen Metern Abstand kann man die „**Statur**" der Pflanze (Biologen sprechen vom Habitus) schon gut sehen. Ist es ein **Baum oder Strauch**? **Wie groß** ist die ganze Pflanze? Erscheint sie **zierlich oder mächtig**? Ist sie **dicht oder locker verzweigt**? Diese Merkmale geben uns einen ersten Anhaltspunkt. Ebenfalls aus der Ferne lässt sich häufig schon erkennen, wie die **Früchte angeordnet** sind.

Übrigens: Mit etwas Übung verrät Ihnen das Fernglas, wo sich die Suche lohnen wird.

Typisch Schlehe: Wild verzweigter Strauch mit einzelnen Früchten.

2. Das Objekt der Begierde

Im nächsten Schritt wird die Frucht näher betrachtet – oder besser: mehrere Früchte, weil sie manchmal etwas unterschiedlich sind. **Form, Farbe und Größe** sind die wichtigsten Kennzeichen. Außerdem kann entscheidend sein, ob sie **einzeln oder zu mehreren** zusammenstehen und welche **Konsistenz** sie haben. Manchmal geben auch die **Kelchblätter** einen wichtigen Hinweis.

Zu alledem muss auch der richtige **Reifegrad** gegeben sein. Sammeln Sie nie voreilig halbreife Früchte, das schmeckt nicht. Kommen Sie einfach wieder!

Wald-Erdbeeren sind reif ganz rot. Sie haben abstehende Kelchblätter.

3. Zur Sicherheit: die Blätter

Statur und Beeren sind geprüft, jetzt müssen die Blätter letzte Sicherheit geben. Wichtigstes Merkmal ist die **Form**: Sind sie ganz oder zerteilt (man sagt, sie haben Fiederblättchen oder Fiedern)? Wie lang ist ihr Stiel? Ist der Rand glatt, gezähnt oder wellig? Zusätzlich spielen aber auch **Größe, Farbe und Oberflächenbeschaffenheit** eine Rolle.

Der Holunder hat in fünf Fiedern geteilte Blätter.

Für Vorausschauende: die Blüte

Für Ihre Zwecke brauchen Sie zwar die Blüte nicht unbedingt zum Bestimmen, sie kann aber sehr hilfreich sein. Schließlich wird aus ihr **später die Frucht**, das heißt: Wer die blühende Pflanze erkennt, weiß, wo es bald etwas zu holen gibt. Außerdem ist sie oft sehr charakteristisch und kann als **weiteres Indiz** zum sicheren Bestimmen hinzugezogen werden. Die Walnuss zum Beispiel blüht in ganz typischen Kätzchen.

Immer ganz genau

Achten Sie vor allem am Anfang Ihrer Sammlerkarriere auf jedes Detail. Wenn Sie trotzdem nicht ganz sicher sind: nicht ernten! Und ja nicht leichtsinnig werden, wenn Sie schon etwas mehr Übung haben!

Achtung, Giftbeeren

Eine gründliche Bestimmung der Früchte ist unabdingbar. Letzte Sicherheit, sich nicht zu vergiften, gibt Ihnen die folgende Negativ-Liste. Nach dem Motto „Man muss seine Feinde kennen“ machen Sie hier mit den häufigsten Giftbeeren Bekanntschaft.

Aronstab

- erst grüne, dann rote, glänzende Beeren
- an einem bis zu 25 cm hohen „Stab“
- Blätter pfeilförmig (zur Fruchtzeit schon abgestorben; im Bild sehen Sie Efeublätter)

Seidelbast

- rote, kugelrunde Beeren, zum Teil dicht aneinander
- nah an den Ästen eines Strauches
- Blätter länglich

Maiglöckchen

- rote Beeren hängen in einer Reihe
- an kurzen Stielen und einem längeren Stängel einer Waldpflanze
- Blätter überragen die Früchte

Geißblatt

- mehrere rote oder orange, verschieden große Beeren
- am Zweigende eines Strauches
- zwei Blätter stehen immer gegenüber

Zwergmispel

- rote, runde Früchte, unten mit braunem Stern
- an reich verzweigtem Strauch
- Blätter derb, bleiben im Winter zum Teil an den Zweigen

Nachtschatten

- rote, ovale, hängende Früchte, teilweise zeitgleich mit violetten Blüten
- an grüner, wenig verzweigter Pflanze
- Blätter mit deutlichen Adern und zugespitzt

Zaunrübe

- Beeren rot, manchmal auch schwarz
- mehr oder weniger dicht an kletternder Pflanze
- mit korkenzieherartigen Ranken und tief eingeschnittenen Blättern

Heckenkirsche

- kugelige und rote oder schwarze Früchte, immer mehrere zusammen
- an deutlichen Stielen eines bis zu 2 m hohen Strauchs
- Blätter stehen immer gegenüber

Schneeball

- Früchte rot oder schwarz, oval, in Schirmen zusammen
- an einem bis zu 3 m hohen Strauch
- Blätter entweder zweimal tief eingeschnitten oder weiß behaart

Einbeere

- Einzelne blauschwarze Beere
- an einem bis zu 30 cm langen Stängel
- mit 4 Blättern rings um den Stängel

Tollkirsche

- einzelne, glänzend schwarze Früchte
- eingebettet in die grünen Kelchblätter
- Pflanze bis 1,5 m hoch, Blätter flaumig behaart

Liguster

- runde, schwarz glänzende Früchte
- locker an den Zweigenden des Strauchs
- Blätter länglich, derb, mit einer ausgeprägten Mittelrippe

Efeu

- dunkelblaue Beeren, auf einer Seite abgeflacht
- stehen kugelförmig zusammen am Zweigende des kletternden Strauchs
- Blätter ledrig mit deutlichen Adern

Jungfernrebe

- dunkle, bläulich bereifte Beeren an roten Ästchen
- an dem bis zu 10 m hohen Kletterstrauch
- Blätter dreispitzig oder fingerförmig gefiedert

Achtung

Es gibt noch einige Giftbeeren mehr als hier gezeigt sind. **Von weißen, orangen oder pinken Beeren sollten Sie generell die Finger lassen** (Ausnahme Sanddorn, Seite 280). Einige andere Früchte sind nicht oder nur schwach giftig. Wieder andere können Sie nur unter bestimmten Bedingungen genießen.

Richtig sammeln

Sie haben die Früchte sorgfältig bestimmt und eindeutig als essbar eingestuft. Jetzt kann gesammelt werden. Hier sind einige Tipps dazu, wie Sie in mehrerer Hinsicht schonend und außerdem effizient zu Werke gehen können.

Nachhaltig zupfen

Sie erinnern sich sicher an den 1. Grundsatz des Sammlertums? Genau: Beeren wachsen nicht nur für den Beerensammler. Auch außerhalb von Naturschutzgebieten sollten Sie das bedenken.

Ob in Anpflanzungen oder der freien Natur: Pflücken Sie nicht alles bis zur letzten Beere, sondern lieber etwas weniger gründlich. So haben die Vögel noch etwas davon und die Pflanze bekommt zumindest eine kleine Chance, sich fortzupflanzen.

Gehen Sie auch nicht zu stürmisch ran, damit Sie der Pflanze nicht schaden – schließlich soll sie ja weiterhin für Sie so gute, gesunde Früchte hervorbringen. Blätter, Zweige und Rinde sollten unversehrt bleiben.

Lieber erst einmal weniger pflücken und wiederkommen.

Holunderbeeren können Sie einzeln oder als ganze Schirmchen vom Strauch ernten.

Naturfarben

Die Farbstoffe unserer heimischen Früchte wurden nicht umsonst schon seit Urzeiten zum Färben genutzt. Beim Pflücken ist dieser Effekt allerdings weniger erwünscht. Wer dünne Gummihandschuhe im Gepäck hat oder zu Hause ein Stück Zitrone, kann sich abends wieder unter Leute trauen.

Schneller geht es so

Im Prinzip können Sie die Früchte immer mit Ihren zwei Händen sammeln. Bei einigen Beeren – wie Holunder- oder Vogelbeeren, die in Schirmen zusammenhängen – erleichtern Sie sich aber die Ernte, wenn Sie eine Schere benutzen. Mehr über hilfreiche Utensilien finden Sie auf Seite 251.

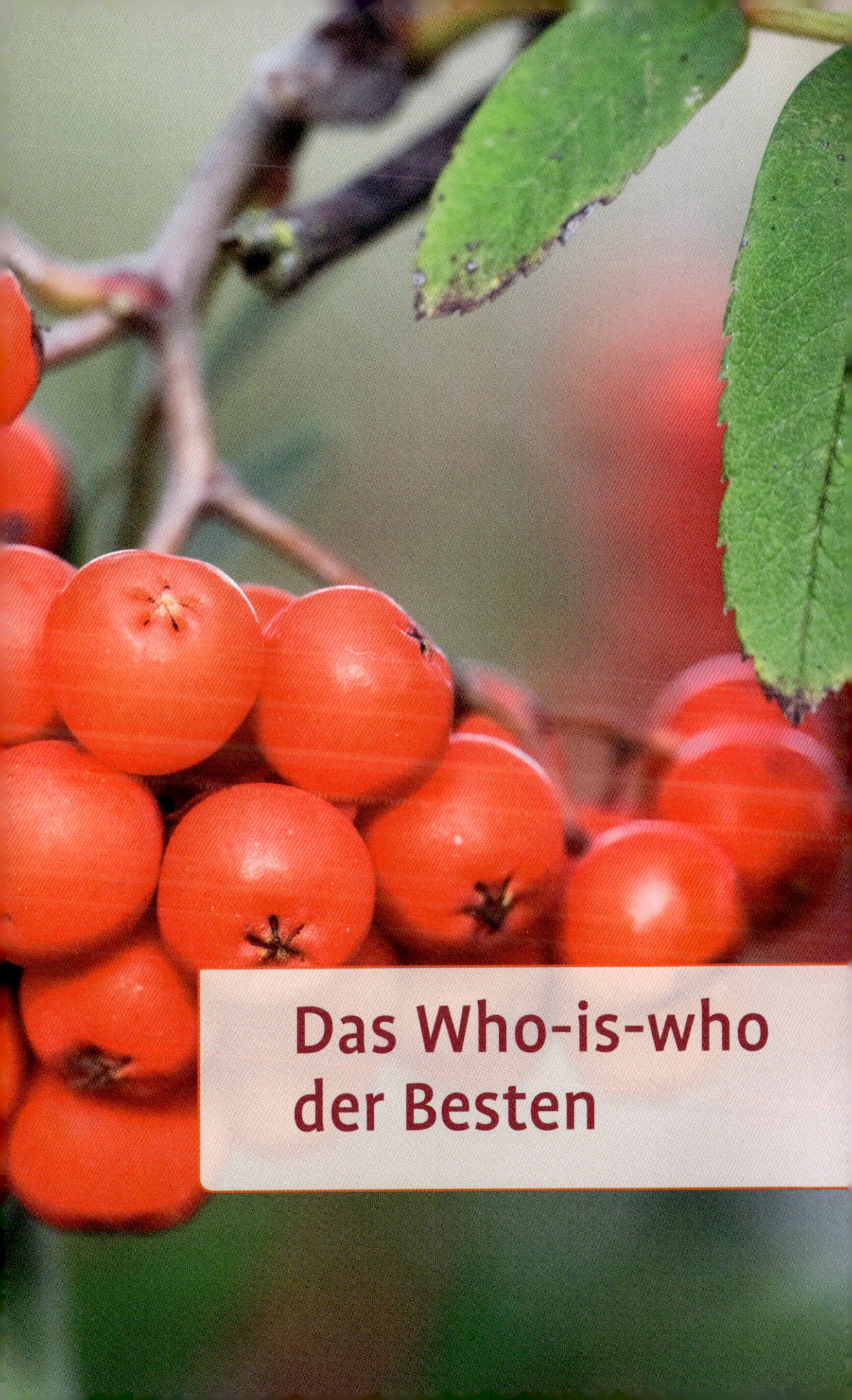

Das Who-is-who der Besten

Wald-Erdbeere

Sammelzeit: Von Juni bis September, nur die ganz roten Früchte sammeln.

Lieblingsort: An helleren Flecken in Wäldern, an Waldwegen und Waldrändern.

Kennzeichen: **Zierliches Pflänzchen** bis 20 cm hoch. **Früchte** höchstens 1 cm breit, rundlich bis kegelförmig. **Blätter** mit langen Stielen und in 3 gleichgroße Teile untergliedert, deren Ränder deutlich gezackt sind. **Blüht** weiß mit gelber Mitte von April bis Juni.

Aufgepasst! Die **Knack-Erdbeere** sieht der Wald-Erdbeere ähnlich, allerdings ist sie geschmacksneutral. Der äußerliche Unterschied: Die kleinen Kelchblätter liegen bei der Knack-Erdbeere eng an der Frucht, bei der Wald-Erdbeere stehen sie ab und das Früchtchen trennt sich leicht vom Kelch.

Knack-Erdbeere

Schmeckt ... wie die Garten-Erdbeere, nur viel, viel feiner: Leicht säuerlich und erstaunlich fruchtig-aromatisch. Wald-Erdbeeren entfalten ihren Geschmack sehr gut pur, mit Schlagsahne oder als Erdbeermilch. Beliebt sind auch Bowlen und Marmeladen.

Blitz-Rezept

Erdbeermilch

- 1 Glas Milch
- 1 Handvoll Wald-Erdbeeren
- 1 TL Vanillezucker

Zutaten mit Pürierstab oder Mixer mischen – fertig. Wer's exotisch mag, gibt noch 2 Blätter frische Minze dazu.

Extra Tipp

Wald-Erdbeeren lassen sich domestizieren: Einfach einen Ableger im Garten an einer feuchten und schattigen Stelle, die nicht gedüngt wird, einpflanzen. Schon haben Sie die aromatischen Vitaminbomben direkt vor Ihrer Haustür.

Himbeere

Sammelzeit: Von Juni bis September, wenn sich die Früchte leicht abzupfen lassen.

Lieblingsort: An Waldlichtungen und an Wald- und Wegrändern.

Kennzeichen: **Strauchartiges Gestrüpp** mit bis zu 2 m langen, stacheligen Stängeln. **Früchte** purpurrot und, wenn abgezupft, fingerhutförmig, kleiner und rundlicher als die Gartenformen. **Blätter** in 3 oder 5 Teile untergliedert, deren Ränder leicht gezackt sind, die Blattunterseite ist heller und filzig. **Blüht** weiß von Mai bis Juni.

Aufgepasst! Lassen Sie sich und Ihre Kleidung beim Sammeln nicht zu sehr von den Stacheln zerkratzen.

Schmeckt … süß-fruchtig in allen Formen der Wildfruchtküche – roh oder gekocht, eingemacht oder aufgetaut, pur oder in Kombination mit anderen Früchten. Sie ist zwar kleiner, aber umso aromatischer als die Gartenformen.

Blitz-Rezept

Mini-Himbeerpavlova

- 8 Baisertörtchen
- 150 g Sahne
- 1 Pck. Vanillezucker
- 1–2 Handvoll Himbeeren

Die Sahne mit dem Vanillezucker sehr steif schlagen. Je einen Klecks davon auf ein Baisertörtchen geben. Darauf möglichst viele Himbeeren legen und leicht andrücken.

Extra Tipp

Mit wilden Himbeeren lassen sich die gezüchteten Verwandten verfeinern. Ihr gewöhnlicher Himbeerkuchen zum Beispiel gewinnt deutlich an Aroma, wenn Sie für den Tortenguss Saft aus wilden Himbeeren verwenden.

Preiselbeere

Sammelzeit: Von August bis November, wenn die Beeren scharlachrot sind.

Lieblingsort: Im Flachland in Nadelwäldern, Heiden und Mooren. Im Gebirge auch zwischen Latschen und Alpenrosen.

Kennzeichen: **Winziger Strauch** bis zu 15 cm hoch. **Früchte** kugelrund, erst weiß, reif scharlachrot, bis erbsengroß. **Blätter** ledrig glänzend und länglich-oval. **Blüht** meist von Mai bis August mit weißen bis rosafarbenen Blütenglöckchen.

Aufgepasst! Ihre Verwandte, die seltenere **Bärentraube**, hat teilweise liegende Äste und wird 20–60 cm groß. Ihre ebenso knallroten Früchte haben unten einen winzigen Punkt, die Preiselbeere dagegen eine größere nabelartige Struktur. Giftig ist die Bärentraube nicht, allerdings auch nicht schmackhaft.

Bärentraube

Schmeckt ... den meisten Leuten als Marmelade oder Kompott zu Wild, geräuchertem Fisch oder gebackenem Camembert. Roh ist sie zwar nicht giftig, schmeckt aber eher langweilig.

Blitz-Rezept

Preiselbeer-Pfannkuchen

- 80 g Mehl
- 1 Ei
- 175 ml Milch
- 1 gute Handvoll zerstoßene und gut gezuckerte Preiselbeeren

Aus Mehl, Ei und Milch einen glatten Teig rühren und Preiselbeeren in den Teig mischen. Pfannkuchen in der Pfanne ausbacken und mit Puderzucker oder Vanillesoße genießen. Für einen lockeren Pfannkuchen einen Teelöffel Backpulver ins noch trockene Mehl mischen.

Extra Tipp

Cranberry – ist das nicht auch eine Preiselbeere? Nein, die nordamerikanische Großfrüchtige Moosbeere hat größere und leicht längliche Beeren, außerdem schmeckt sie viel saurer. Beide gelten aber als sehr gesund, vor allem beugt ihr Saft Harnwegsinfektionen vor.

Berberitze Sauerdorn

Sammelzeit: Ab September bis in den November hinein, wenn die Beeren leuchtend rot sind.

Lieblingsort: An Waldrändern, in Hecken und sonstigem Gebüsch.

Kennzeichen: **Strauch** bis zu 3 m hoch. **Früchte** länglich, 10–12 mm lang, leuchtend rot. **Blätter** derb mit winzigen Dornen, in Büscheln angeordnet. **Blüht** von April bis Juni in gelben Glöckchen.

Blüten

Aufgepasst! Manche Sorten schmecken sehr bitter. Lieber erst kosten, bevor Sie in großen Mengen ernten.

Schmeckt ... säuerlich-frisch als Marmelade, Gelee oder als Trockenfrüchte. Man schätzt sie auch in Gebäck, Müsli oder Mischungen mit Nüssen und Rosinen. Typisch für die persische Küche sind sie in Reis und zu Fisch- oder Fleischgerichten. Roh vom Strauch – aber auch getrocknet – sind sie eine absolut spritzige Erfrischung auf der Herbstwanderung.

Blitz-Rezept

Fruchtiger Berberitzen-„Essig"

- Berberitzen
- Orangen

Berberitzen ohne Stiel mit wenig Wasser weich kochen. In ein Sieb geben und sanft auspressen. Nach Belieben frisch gepressten Orangensaft zufügen – fertig ist ein fruchtig-saurer Saft, der wunderbar zu Salat mit Nüssen passt.

Extra Tipp

Berberitzensaft ist eine gute einheimische Alternative zu Zitronensaft. Das fruchtige Aroma verfeinert Obst, Gebäck, Desserts, Fisch und Fleisch. Ganz ohne Spritzmittel und Ferntransport!

Hagebutte Rose, Häge, Hiffe

Sammelzeit: Von August bis November, wenn die Früchte rot und fest sind.

Lieblingsort: In sonnigen Hecken, an Waldrändern oder auf Wiesen.

Kennzeichen: Hagebutten sind Früchte von verschiedenen Rosenarten. Diese erkennt man so: **Stacheliger Strauch**, bis 4 m hoch. **Früchte** orange bis rot, bis etwa 2 cm lang, rund bis keulig. **Blätter** sind gefiedert und haben Nebenblätter (2 kleine Blättchen ganz unten am Blattstiel). **Blüht** meist weiß oder rosa von Juni bis August.

Aufgepasst! Hagebuttenkerne haben Widerhäkchen, die bei Berührung scheußlich jucken (Juckpulver!). Handschuhe benutzen!

Schmeckt … am besten als Mark oder Marmelade. Als Tee und Likör werden Hagebutten auch gerne konsumiert.
Roh essbar, allerdings nur ohne Kerne! Sie gehen also am besten so vor: Stiele und Blütenreste entfernen, Früchte halbieren, Kerne mit einem abgerundeten Messer herauslösen und nachspülen.

Blitz-Rezept

Frischekick

- 1 Handvoll Hagebutten
- Scheibe Zitrone

Hagebutten wie oben beschrieben putzen und entkernen, danach trockentupfen. Ein paar Tage in die Sonne legen oder bei 50 °C im leicht geöffneten Backofen trocknen, mit 300 ml kochendem Wasser aufgießen und 7 Minuten ziehen lassen. Nach Belieben mit Honig süßen, dann abkühlen lassen. Eiswürfel rein, Zitrone rein, kurz warten und zischschsch!

Extra Tipp

Ganz ehrlich: Hagebuttenmark selbst herzustellen ist ein mühsames Unterfangen. Man steht stundenlang in der Küche und hält am Ende ein winziges Schälchen des „breiigen Goldes" in den Händen. Für den regelmäßigen Genuss lohnt sich dann doch ein Gang zum Wochenmarkt oder Bioladen.

Vogelbeere Eberesche

Sammelzeit: Von August bis Oktober, wenn die Früchte leuchtend orangerot sind.

Lieblingsort: In lichteren Wäldern, Parks und Gärten.

Kennzeichen: **Baum** mit glatter Rinde, bis zu 15 m hoch. **Früchte** kugelig, orangerot bis rot, in schirmförmigen Rispen. **Blätter** mit mindestens 9 Fiedern (ähnlich der Esche, daher der Name), am Rand gezackt. **Blüht** weiß im Mai und Juni.

Aufgepasst! Der **Rote Holunder** sieht auf den ersten Blick ähnlich aus. Er ist kleiner (bis 3 m), hat weniger Blattfiedern und seine knallroten Früchte stehen in mehr oder weniger aufrechten, ovalen Rispen zusammen. Das reine Fruchtfleisch ist gekocht ungiftig, roh oder mit Kernen jedoch giftig.

Roter Holunder

Schmeckt … vor allem als Gelee und Marmelade, die süße Desserts und Wildgerichte mit einer herben Note ergänzen. Auch als Likör lecker. Frisch vom Baum können die Früchte Durchfall verursachen. Ihren Bitterstoffen kann man durch Einfrieren (oder Sammeln nach dem ersten Frost) und mit Zucker oder Honig begegnen.

Blitz-Rezept

Vogelbeeren-Dessertsoße

- 2 Handvoll Vogelbeeren
- 1 Pck. Vanillezucker
- Zucker und Honig nach Belieben

Vogelbeeren mit wenig Wasser kochen, durch ein Sieb drücken und mit Vanillezucker, Zucker und Honig zu einer Soße rühren. Schmeckt lecker zu Panna Cotta oder Vanillepudding.

Extra Tipp

Damit keine Unfälle passieren und die Ernte schnell voran geht: Benutzen Sie eine Leiter, die Sie an den Stamm lehnen. Dann ernten Sie mit einer Gartenschere die ganzen Rispen. Säubern Sie sie gründlich und suchen Sie sich ein gemütliches Plätzchen zum Abzupfen.

Kornelkirsche Gelber Hartriegel

Sammelzeit: Im August und September, wenn schon manche Früchte abfallen.

Lieblingsort: Vor allem in Parks und Gärten, wild in den milden Weinanbaugebieten.

Kennzeichen: **Strauch oder Baum**, der bis zu 6 m hoch werden kann. **Früchte** kräftig rot, etwa 2 cm lang, rundlich-walzenförmig wie längliche Kirschen. **Blätter** mit einer langen Spitze und 6–8 deutlichen Längsadern. **Blüht** sehr früh von Februar bis April mit gelben Blütenbüscheln.

Aufgepasst! Die Früchte möglichst überreif ernten, dann sind sie am süßesten.

Schmeckt ... roh auch im reifen Zustand noch sauer und gerbend. Zusammen mit der nötigen Süße in Marmeladen und Gelees kommt ihr sehr fruchtiges Aroma zur Geltung. Die großen Kerne erschweren die Verarbeitung, aber Sie werden mit unnachahmlichem Geschmack belohnt!

Blitz-Rezept

Kornelkisch-Marmelade

- 500 g Kornelkirschen
- 250 g Gelierzucker 1:1
- 50 ml Portwein

Kornelkirschen entkernen, in wenig Wasser weich kochen, durch ein Sieb passieren und mit dem Gelierzucker zu einer Marmelade verkochen. Ganz zum Schluss Portwein zugeben und heiß in saubere Gläser füllen – oder abgekühlt auf ein Butterbrot oder Hefezopf streichen. Wer es lieblicher mag, kann 2–3 Birnen mit verarbeiten.

Extra Tipp

Kornelkirschen lassen sich sehr gut mit anderen Wild- oder Gartenfrüchten kombinieren. Apfel, Birne, Zwetschge und Holunderbeeren bekommen durch die Früchte eine angenehm frische Note.

Vogel-Kirsche

Sammelzeit: Im Juli und August, wenn die Kirschen knall- bis dunkelrot sind.

Lieblingsort: An Waldrändern und in lichten Wäldern. Angepflanzt in Gärten und Parks.

Kennzeichen: **Baum** wird bis 25 m hoch. **Früchte** glänzen rot wie Gartenkirschen, sind aber kleiner, etwa bis 1 cm Durchmesser. **Blätter** bis 10 cm lang, gestielt, spitz zulaufend, mit groben Zacken. **Blüht** weiß im April und Mai.

Aufgepasst! Die **Stein-Weichsel** hat wesentlich dunklere Früchte. Sie sind zwar essbar, vielen Menschen aber zu bitter.

Stein-Weichsel

Schmeckt ... kirschenartig, aber mit einer bitter-süßen Note. Vor allem als Marmelade, im Rumtopf und Sirup, aber auch auf und in Kuchen und in Mischungen mit anderen roten Garten- und Wildfrüchten.

Blitz-Rezept

Rotwein-Kirsch-Genuss

- 500 ml Rotwein
- 50 ml Kirschlikör
- 200 ml Sirup aus Vogelkirschen (Seite 324)

Alle drei Zutaten können Sie direkt in einer schönen Flasche mischen und schon haben Sie einen wunderbaren Digestiv für die nächsten Gäste. Mit seiner fruchtig-herben Note kommt das Tröpfchen sehr gut an – ob pur, zu Eis oder Gebäck.

Extra Tipp

Sie stören sich an den großen Kernen? Machen Sie etwas draus! Kerne in Wasser kochen, bis alles Fruchtfleisch ab ist, trocknen lassen und in ein Säckchen einnähen. Fertig ist das Wildkirschkernkissen, das Wärme aus Backofen oder Mikrowelle langsam an Fröstelnde abgibt.

Sanddorn

Sammelzeit: Von September bis November, wenn einzelne Früchte heller werden.

Lieblingsort: Vor allem an den Küsten und als Zierstrauch, Hauptsache hell und sommerwarm.

Kennzeichen: **Dorniger Strauch** bis zu 3 m hoch, mit sperrig stehenden Ästen. **Früchte** leuchtend orange, erbsengroß, mehr oder weniger länglich, direkt an den dickeren Zweigen. **Blätter** lang und schmal, silbrig grün. **Blüht** unauffällig gelb von März bis Mai.

Aufgepasst! Vorsicht beim Ernten: die Dornen sind spitz!

Schmeckt ... roh recht sauer, gesüßt in Saft, Gelee, Mus, Likör oder Gebäck aber fabelhaft frisch und fruchtig.

Sperrig stehende Äste

Blitz-Rezept

Sanddornquark

- 2 Handvoll Sanddornfrüchte
- Zucker und Honig
- 150 g Quark

Früchte roh oder kurz gekocht durch ein Sieb passieren, mit Zucker und Honig kräftig süßen und auf den Quark geben. Lust auf mehr Gewürz? Dann geben Sie Vanillezucker und/oder Kardamom mit dazu. Auch Apfel, Ingwer und Orange passen gut zu dem herbfruchtigen Sanddorngeschmack.

Extra Tipp

Beim Abzupfen vom Strauch reißen die dünnen Häute der Früchte sehr leicht. Wer ganz schonend vorgehen will, erntet mit einer kleinen Schere.

Heidelbeere Blaubeere

Sammelzeit: Von Juli bis in den September, wenn die Früchte schön dunkelblau sind.

Lieblingsort: Vor allem in Nadelwäldern, aber auch in Heiden und Laubwäldern.

Kennzeichen: **Kleiner Strauch** bis 50 cm hoch mit kantigen, grünen Zweigen. **Früchte** außen und innen dunkelblau bis tief violett, hell bereift, unten abgeplattet. **Blätter** hellgrün, dünn, am Rand mit unregelmäßigen Zähnchen. **Blüht** im Frühjahr in winzigen grünlich-rosafarbenen Glöckchen.

Aufgepasst! Sie kann mit der **Rauschbeere** verwechselt werden, die fad schmeckt und wegen leichter Giftwirkung höchstens in kleinen Mengen verzehrt werden darf. Ihre Zweige sind rund und bräunlich, die Beeren nicht abgeplattet und mit farblosem Fruchtfleisch.

Rauschbeere

Schmeckt … himmlisch in allen Variationen der Früchteküche und auch roh direkt vom Strauch. Fuchsbandwurm-Alarm? Ob Sie frische Beeren naschen, müssen Sie selbst entscheiden. Die neuen Erkenntnisse auf Seite 253 helfen Ihnen dabei.

Blitz-Rezept

Heidelbeerjoghurt

- 2 Handvoll Heidelbeeren
- 150 g Joghurt
- Vanillezucker

Heidelbeeren mit der Gabel zerdrücken oder pürieren (Achtung vor färbenden Spritzern!). Joghurt mit etwas Vanillezucker süßen und Heidelbeeren nur unterheben, damit sich ein weiß-lila Muster ergibt.

Extra Tipp

Hände, Lippen, Zunge und Zähne werden mit diesen Beeren schön blau, was Sie noch einige Stunden an den wildfruchtigen Genuss erinnert. – Ach so, Sie wollen heute Abend in die Oper ... Zitronensaft und Zahnpasta helfen.

Brombeere

Sammelzeit: Juli bis Oktober, wenn sich die Früchte ganz leicht vom Kelch lösen.

Lieblingsort: Verwilderte Ecken in Dorf und Stadt, Hecken, Wegränder und Wälder.

Kennzeichen: **Strauchartiges Gestrüpp** mit vielen Stacheln und bis zu 3 m langen Stängeln. **Früchte** tiefblau bis schwarz, kleiner und rundlicher als die Gartenformen. **Blätter** meist in bis zu 5 Fiedern untergliedert, deren Ränder leicht gezackt sind, Blattstiele stachelig. **Blüht** weiß von Mai bis August.

Aufgepasst! Noch fieser als bei der Himbeere sind hier die Stacheln, also nehmen Sie sich in Acht vor ihnen.

Schmeckt ... im völlig reifen Zustand nicht mehr sauer und sehr aromatisch. Vor allem in Marmeladen und Likör kommt ihr Geschmack gut zur Geltung.

Blitz-Rezept

Eis mit heißen Brombeeren

- 500 g Brombeeren
- 1 gestr. TL Stärke
- Vanilleeis
- 200 g Sahne

Brombeeren waschen und erhitzen, mit Stärke (in etwas kaltem Wasser anrühren) andicken, eventuell süßen oder mit Zimt verfeinern. Sahne schlagen und zusammen mit den Brombeeren und dem Eis servieren. Überschüssige Gartenbeeren können gut Gesellschaft leisten.

Extra Tipp

Reife Brombeeren zu finden ist oft gar nicht so einfach. Wenn man an jeder dunklen Beere testet, ob sie sich auch leicht ablöst, kann's länger dauern. Aber: Bei Früchten, die nicht glänzen, sondern matt sind, stehen die Chancen gut. Greifen Sie zu!

Kratzbeere

Sammelzeit: Von Juli bis Oktober, wenn sich die Früchte ganz leicht vom Strauch zupfen lassen oder schon einige auf den Boden gefallen sind.

Lieblingsort: Im Licht oder Halbschatten an Flussufern, Wald- und Wegrändern.

Kennzeichen: **Gestrüppartiger Strauch**, 30–60 cm hoch, mit niederliegenden, hell bereiften Ruten und feinen Stacheln. **Früchte** ähnlich der Brombeere, aber dicker und stark bläulich bereift. Ausgewachsene **Blätter** meist in 3 Fiedern geteilt, Ränder fein gezackt. **Blüht** weiß von Mai bis Juni.

Schmeckt ... süß-säuerlich und ähnlich der Brombeere. Sie lässt sich roh oder gekocht genießen. Da die Beeren nicht gleichzeitig reifen, ist die Ausbeute oft eher gering. Sie lassen sich aber gut mit anderen Wildfrüchten – und natürlich auch mit Gartenobst – kombinieren.

Blitz-Rezept

Knuspriges Kratzbeeren-Müsli

- 100 g Haferflocken
- 2 EL Zucker
- 1 Handvoll Cornflakes
- 1 Handvoll Kratzbeeren
- Milch

Haferflocken und Zucker bei hoher Hitze in eine Pfanne geben und bewachen: Sobald der Zucker schmilzt, Hitze reduzieren und kräftig rühren bis die Haferflocken hellbraun karamellisiert sind. Mit leicht zerstoßenen Cornflakes, Milch und Kratzbeeren genießen.

Extra Tipp

Weil die weichen Beeren etwas transportempfindlich und meist nicht körbeweise zu ernten sind, sollten Sie gegebenenfalls pragmatisch vorgehen: Kratzbeeren sofort naschen und die Augen nach „fetterer Beute" offen halten.

Mahonie

Sammelzeit: Von September bis in den November, wenn die Beeren schön blau und bereift sind.

Lieblingsort: In Gärten, Parks und an Straßenrändern in wintermilden Gebieten.

Kennzeichen: **Immergrüner Strauch** bis 1,50 m hoch. **Früchte** blau, hell bereift, rundlich bis länglich, hängen büschelweise um die Äste. **Blätter** mit mehreren Fiedern, stark glänzend und hart, Ränder stachelig. **Blüht** gelb von April bis Juni.

Blüte

Aufgepasst! Früchte von Mahonien, die an Feldern und Weinbergen stehen, sollten Sie nicht ernten. Sie sind vielleicht „mitgespritzt" worden.

Schmeckt ... ähnlich wie Berberitzen und wird auch genauso verarbeitet wie diese, vor allem in Marmeladen mit anderen Früchten. Da sie sehr sauer ist und ihre genauen Inhaltsstoffe nicht bekannt sind, sollte sie nicht in rauen Mengen verschlungen werden.

Blitz-Rezept

Heiße Mahonie

- 1 Handvoll Mahonienfrüchte
- 1 Zimtstange
- 3 Scheiben Ingwer
- 100 ml Apfelsaft
- 1 Schuss Amaretto

Zucker oder Honig

Mahonienfrüchte in wenig Wasser kochen, in ein Sieb geben und sachte den Saft auspressen. Apfelsaft mit der Zimtstange und dem Ingwer aufkochen und 10 Minuten ziehen lassen. Den noch warmen Mahoniensaft, Amaretto und Honig oder Zucker zugeben und genießen. Das wärmt!

Extra Tipp

Ursprünglich in Nordamerika beheimatet, wurde die Mahonie wohl wegen ihrer immergrünen Blätter als Ziergehölz nach Europa gebracht. Die glänzenden Blätter könnten auch Ihren winterlichen Kaffeetisch schmücken.

Felsenbirne

Sammelzeit: Von Juli bis in den September, wenn die Früchte schön dunkel sind und etwas weich werden.

Lieblingsort: Als Zierde in Gärten und Parks, wild und verwildert an sonnigen Waldrändern und warmen Felsen.

Kennzeichen: **Baum oder Strauch** bis 10 m hoch. **Früchte** kugelrund an Stielen, unten mit deutlichen Zipfeln (das sind die Kelchblätter), rotviolett bis bläulich und hell bereift, gut 1 cm groß. **Blätter** eiförmig und zugespitzt, mit feinen Zähnchen. **Blüht** mit 5 weißen Blütenblättern im April und Mai.

Blüte

Aufgepasst! Die Kerne enthalten schwach giftige Stoffe und sollten nicht in größeren Mengen zerkaut werden. Unzerkaut verschluckt oder in kleinen Mengen stellen sie keine Gefahr dar.

Schmeckt ... frisch vom Strauch oder als Marmelade, Gelee, Kompott, Likör oder in Gebäck. Auch getrocknet schmecken sie lecker.

Blitz-Rezept

Felsenbirnen-Tartelettes

- 200 g Butterkekse
- 125 g zerlassene Butter
- 250 g Sahnequark
- 2 Handvoll Felsenbirnen

Kekse in einem Gefrierbeutel fein zerbröseln, mit zerlassener Butter vermengen. Teig in 4 Tartelette-Förmchen drücken und eine halbe Stunde im Kühlschrank erkalten lassen. Quark und Felsenbirnen auf die Törtchen verteilen und kühl aufbewahren.

Extra Tipp

Geschmacklich sind die kleinen Äpfelchen den Heidelbeeren ähnlich. Sie können also Felsenbirnen wie Heidelbeeren zubereiten oder die beiden gut mischen.

Schlehe Schwarzdorn, Schlehdorn

Sammelzeit: Von Oktober bis Dezember, wenn die Früchte mindestens eine Nacht Frost abbekommen haben.

Lieblingsort: Waldränder und Gebüsche, gerne zwischen Feldern.

Kennzeichen: **Sparriger Strauch** mit breit abstehenden Verzweigungen und kräftigen, langen Dornen. **Früchte** kugelrund, etwa 1 cm groß, schwarzblau, hell bereift. **Blätter** höchstens 5 cm lang, länglich-oval, am Rand fein gezackt. **Blüht** im April mit vielen weißen Blüten.

Blüte

Aufgepasst! Wer bei der Ernte nicht vorsichtig ist, hat sich schnell an einem Dorn gepiekst. Oft bleibt dabei ein kleines Stückchen vom Dorn in der Haut stecken, das Sie nur mit Hilfe einer Pinzette wieder loswerden.

Schmeckt ... nach dem Frost (oder einer eisigen Nacht im Gefrierfach) vor allem als Likör oder zusammen mit anderen Früchten in Kompott und Saft. Auch roh genießbar.

Blitz-Rezept

Weihnachtliche Schlehencreme

- 150 g Mascarpone
- 100 g Joghurt
- 3 EL Marsala
- 2 Handvoll Schlehen
- Zimt und Zucker

Mascarpone, Joghurt und Marsala kräftig verrühren, Schlehen einrühren und mit Zimt und Zucker süßen. Noch fruchtiger wird das Ganze mit pürierten Zwetschgen.

Extra Tipp

Keine Lust auf böse Kratzer? Nehmen Sie zum Schlehenpflücken feste, aber gut passende Handschuhe mit. Am besten sind alte Lederhandschuhe – in ihnen haben Sie noch genügend Gefühl für die Früchtchen.

Schwarzer Holunder Holler, Holderbusch

Sammelzeit: Von Juli bis in den September, wenn die Früchte tief schwarzviolett sind.

Lieblingsort: Lichte Wälder, Waldränder, an Flüssen und in Gärten.

Kennzeichen: **Strauch** oder Baum bis zu 7 m hoch. **Früchte** schwarzviolett, etwa 5 mm groß, in mehr oder weniger großen, hängenden Schirmen, mit roten Stielen. **Blätter** in 5 Fiedern geteilt, mit leicht gezacktem Rand. **Blüht** cremeweiß in hübschen Blütenschirmen im Juni und Juli.

Aufgepasst! Die Holunderbeeren sind roh giftig, getrocknet oder erhitzt dagegen gut bekömmlich und sehr gesund. Der giftige **Zwerg-Holunder** unterscheidet sich vor allem durch seine aufrecht stehenden Schirme.

Zwerg-Holunder

Schmeckt … vor allem als Saft, Gelee und Likör. Glücklicherweise findet man Holunderbeeren oft gleich in größeren Mengen, sodass man hier beim Experimentieren seiner Kreativität freien Lauf lassen kann.

Blitz-Rezept

Holunder-Apfel-Crumble

- 2 kleine Äpfel
- 2 Handvoll Holunderbeeren
- 2 EL Honig
- 50 g Butter
- 4 EL Haferflocken
- 2 EL Zimtzucker

Äpfel in kleine Stücke schneiden, mit Holunderbeeren und Honig mischen und in 4 Souffléeförmchen geben. Mit einer Gabel Butter, Haferflocken und Zimtzucker vermengen und auf die Förmchen verteilen. 20 Min. bei 200 °C (vorgeheizt) backen.

Extra Tipp

Jedes Früchtchen einzeln abzupfen? Nein, das muss nicht sein: Das ganze Schirmchen mit der Schere vom Strauch abschneiden und zu Hause mehrere Holunderbeeren gleichzeitig mit einer Gabel abstreifen.

Ess-Kastanie Edel-Kastanie, Marone

Sammelzeit: Im Oktober und November, wenn die braunen Leckereien am Boden liegen und sich die stachelige Hülle geöffnet hat.

Lieblingsort: In Wäldern, manchmal auch in Parks, in denen im Winter vergleichsweise milde Temperaturen herrschen.

Kennzeichen: **Mächtiger Baum** bis 30 m hoch. **Früchte** dunkelbraun und von einer ultimativ stacheligen Hülle umgeben. **Blätter** schmal und lang, fest, mit stachelspitzigem Rand. **Blüht** im Juni hellgelb in langen Kätzchen.

Aufgepasst! Die Früchte der **Rosskastanie**, die in jedem Biergarten wächst, sind leider nicht essbar.

Schmeckt … süßlich-nussig in vielerlei Variationen: geröstet, gekocht, als Püree, als süßer Aufstrich, zu Fleisch, Kürbis und so weiter und so fort.

Blitz-Rezept

Kastaniensünde

- Ess-Kastanien
- Butter
- Vanillezucker
- Kardamom

Kastanien kreuzweise einschlitzen, 20 Min. in Salzwasser kochen, schälen und halbieren. Noch heiß auf jede Schnittfläche ein Flöckchen Butter, eine Prise Vanillezucker und etwas Kardamom. Augen schließen und genießen.

Extra Tipp

Wo die Kastanienernte zum Lebensunterhalt beiträgt, ist man nicht begeistert von fremden Kastaniensammlern im Revier. Achten Sie also bitte immer auf entsprechende Hinweisschilder, sonst handeln Sie sich Ärger ein.

Walnuss

Sammelzeit: Die noch grünen Früchte im Juni, reife Nüsse im September und Oktober, wenn man sie bequem vom Boden aufsammeln kann.

Lieblingsort: In Weinbaugebieten, aber auch in der übrigen Landschaft oder in Gärten, Parks und Alleen.

Kennzeichen: **Großer Baum** bis 25 m hoch. **Früchte** hirnförmig mit einer harten hellbraunen und darüber mit einer dicken grünen Schale. **Blätter** bis zu 30 cm lang, in einige (meist 7) Fiedern unterteilt. **Blüht** im Mai mit grünlich gelben, großen Kätzchen.

Aufgepasst! Wer die grüne Schale bearbeitet, wird ihre färbenden Gerbstoffe kennenlernen. Handschuhe verwenden!

Schmeckt ... herrlich nussig! Pur, in Brot, Kuchen und anderem Gebäck, als Likör oder eingelegt. Noch intensiver schmecken sie, wenn Sie die Nüsse sanft anrösten. Reife Nüsse werden nach der Ernte wenige Wochen an einem warmen Ort getrocknet, dann ist das Häutchen nicht mehr bitter.

Blitz-Rezept

Nackte Nüsse

- Walnüsse
- Gummihandschuhe und etwas Geduld

Frisch geerntet sind Walnüsse noch weich und bitter, genauer gesagt ist aber nur das zarte braune Häutchen so herb im Geschmack. Also: dünne Gummihandschuhe anziehen, das herbe Häutchen abpfriemeln und den ganz eigenen Geschmack einer frischen Walnuss entdecken! Gut auch auf gebuttertem Bauernbrot.

Getrocknete Walnüsse sind in ihrer harten Schale länger haltbar als bereits geknackte. Ungeöffnet können Sie sie an einem trockenen Ort über ein Jahr lagern und haben so immer eine leckere und gesunde Knabberei zur Hand.

Haselnuss Hasel, Haselstrauch

Sammelzeit: Im September und Oktober, wenn die harte Schale braun ist.

Lieblingsort: In Wäldern und Gebüschen, in Gärten und Parks.

Kennzeichen: **Stattlicher Strauch** bis etwa 5 m hoch. **Früchte** rundlich, etwa 1 cm groß, braun, mit einer harten Schale und in einem engen, am Rand zerschlitzten Becher. **Blätter** eiförmig und zugespitzt, rau behaart, am Rand unregelmäßig gezackt. **Blüht** von Februar bis April mit grünlich-gelben Kätzchen.

Aufgepasst! Die Nüsse sind nicht allzu lange haltbar. Also: Schön trocken und kühl lagern und viel backen, damit an Weihnachten alle verbraucht sind.

Schmeckt … etwas milder als die gekaufte Nuss und nicht nur in Gebäck: Lecker in Soßen zu Pasta, Wild und Curry oder als Likör, Brotaufstrich und pur.

Blitz-Rezept

Wilde Nussschokolade

- 100 g Schokolade
- 1 Handvoll Haselnüsse

Schokolade ganz langsam schmelzen lassen und Haselnüsse einrühren. Masse in eine flache, mit Folie ausgelegte Form geben und erkalten lassen. Kreative können sie mit Trockenfrüchten, Kakaostückchen, grobem Salz, Chili und und und … verfeinern und verzieren.

Extra Tipp

Gute Gründe fürs Rösten: Nüsse schmecken mild geröstet etwas anders und intensiver als roh. Außerdem werden sie von Allergikern in dieser Form in der Regel gut vertragen.

Buchecker Rotbuche

Sammelzeit: Ab September, wenn die Früchte zu Boden gefallen sind.

Lieblingsort: Sehr häufig in Wäldern, Parks und als Einzelbäume.

Kennzeichen: **Großer Baum** bis 40 m hoch. **Früchte** braun, 1–1,5 cm lang, kantig („eckig"), je 2 in einem weichdornigen Becher. **Blätter** bis 10 cm lang, eiförmig und zugespitzt, am Rand leicht wellig. **Blüht** in Kätzchen von April bis Mai.

Blatt der Rot-Buche

Aufgepasst! Die Blätter der nicht verwandten **Hainbuche** sehen sehr ähnlich aus, sie sind aber längs der Blattnerven sehr faltig und am Rand gezähnt.

Schmeckt … nussig, ist roh aber in größeren Mengen giftig. Bucheckern sollten Sie daher immer erst kräftig anrösten oder wenige Minuten kochen. Dann geht auch die braune Schale besser ab. Fein gemahlen oder gehackt schmecken sie in Gebäck und zu Deftigem.

Blitz-Rezept

Blumiger Herbstsalat

- Salat nach Belieben
- 1 Handvoll Bucheckern
- Balsamico und Walnussöl
- Blüten von Gänseblümchen und Löwenzahn
- Salz, Pfeffer

Salat waschen, trocken schleudern und je nach Sorte zerkleinern. Bucheckern rösten, schälen und grob zerhacken. Salat mit Essig, Öl, Salz und Pfeffer anmachen. Blütenköpfe der Gänseblümchen, Blütenblätter des Löwenzahns und Bucheckern drüberstreuen.

Extra Tipp

Wenn Sie das spitze Ende der gerösteten Buchecker mit dem Messer abzwicken, lässt sich die Schale einigermaßen gut vom Kern abziehen.

Reiche Ernte – und jetzt?

Konservieren

Ernteschwemmen kommen oft unvorhergesehen, in unüberschaubarem Maß oder zum falschen Zeitpunkt. Schade um die guten Früchte? Nein, schließlich gibt es einige Möglichkeiten, sich den Fruchtgenuss übers Jahr einzuteilen.

Einfrieren

Tiefkühlen geht schnell und kinderleicht und ist deswegen die beliebteste Methode zum Konservieren. Die meisten Beeren nehmen allerdings nach dem Auftauen eine recht weiche Konsistenz an.

Dauert ... Wenige Minuten pro Portion.

Hält sich Eingefrorene Beeren sollten Sie innerhalb eines Jahres aufbrauchen – dann gibt es sowieso wieder frische.

Welche Früchte? Alle Beeren sind dazu geeignet. Manchen Früchten, wie zum Beispiel den Vogelbeeren oder Schlehen, tut die Kälte sogar gut: Sie sind nach dem künstlichen Nachtfrost weniger herb.

So geht's: Darauf achten, dass die Früchte möglichst trocken sind, sonst werden sie beim Auftauen matschig. Portionsweise in beschriftete Gefrierbeutel füllen, diese gut verschließen und einfrieren.

Ganze Beeren

So werden Ihre gefrorenen Beeren schön portionierbar und behalten besser ihre Form: Die Beeren einzeln auf einem Tablett einfrieren und erst dann zusammen in einen Gefrierbeutel geben.

Vogelbeeren werden nach natürlichem oder künstlichem Frost milder.

Wie verwenden? Gefroren für raffinierten Sommer-Nachtisch oder aufgetaut auf Kuchen oder in Soßen. Natürlich können die aufgetauten Beeren auch zu Marmelade oder Saft weiterverarbeitet werden.

Marmelade

Marmeladen und Gelees (mit Saft statt ganzen Früchten) werden mit Wildobst besonders aromatisch. Zucker und ein bisschen Zitronensaft unterstützen sogar häufig noch den kräftigen Geschmack und bringen ihn erst richtig zur Geltung. Mit welchen Zutaten Sie Ihr Sammelgut sonst noch kombinieren können, finden Sie auf der Seite 325.

Dauert … Je nach Methode 5–20 Minuten.

Hält sich Herkömmliche Marmelade sollten Sie im Idealfall innerhalb eines Jahres aufbrauchen. Danach ist sie zwar noch brauchbar, verliert aber an Farbe und Geschmack. Kaltgerührte Marmelade kühlen und innerhalb von 8 Wochen leeren.

Welche Früchte? Alle Beeren eignen sich für Marmelade. Eine Mischung, auch mit Gartenobst, kann sehr lecker sein.

So geht's: Früchte säubern und nach Packungsanweisung des Gelierzuckers im richtigen Verhältnis mischen (1:1, 2:1 oder 3:1). Je nach Herstellerangabe wenige Minuten sprudelnd kochen lassen. Dann die Gelierprobe

machen: Einen Teelöffel auf einen kalten Teller oder großen Löffel geben, senkrecht halten und testen, ob's tropft. Wenn sich kein Häutchen bildet und die Marmelade zurück in den Topf tropft, müssen Sie sie entweder noch weitere 1–2 Minuten kochen oder etwas Zitronensäure oder Pektin zugeben, sonst bleibt die Marmelade nicht auf dem Brot. Wenn sie nicht tropft – Gelierprobe bestanden. Jetzt können Sie sie in saubere Gläser abfüllen, auf den Kopf stellen und abkühlen lassen.

Wer an Zucker sparen will, kann seinen wenig gesüßten Brotaufstrich zusätzlich einmachen (siehe unten). So bleibt er ungeöffnet trotzdem lange haltbar.

Wie verwenden? Als Aufstrich, zu Milchprodukten (nur so schmeckt Fruchtjoghurt gut!), auf Kuchen oder zu Wild. Nett verpackt ist eine Wildfruchtmarmelade ein wertvolles Mitbringsel.

Einmachen

Früchte einmachen, um gut über den Winter zu kommen, ist heute nicht mehr unbedingt nötig, lohnt sich aber bei Wildfrüchten allemal: Erstens werden Sie selbst gesammelte Früchte so schnell nicht mehr wiederbekommen und zweitens haben Sie auf diese Weise viele Möglichkeiten, Ihre gesammelten Schätze zu verfeinern.

Dauert … Etwa 1 Stunde für einen Topf voll Gläser.

Hält sich Jahrelang, am besten brauchen Sie aber alles innerhalb von einem oder höchstens zwei Jahren auf.

Welche Früchte? Alle Beeren und geschälte Ess-Kastanien können eingemacht werden. Besonders eignen sich Vogel-Kirschen, Ebereschenfrüchte und Holunderbeeren.

So geht's: Bis etwa 3 cm unter dem Rand in saubere Einmachgläser füllen und mit Zuckerwasser (je nach Geschmack bis zu 600 g Zucker in 1 Liter Wasser aufkochen) bedecken. Die Gläser mit Gummiring, Deckel und Klammer verschließen, in einem großen Topf mit Wasser bedecken und 30 Minuten auf 95 °C erhitzen. Zum Abkühlen Gläser aus dem Wasser nehmen und kühl und dunkel lagern.

Beim Verfeinern ist alles erlaubt: Hochprozentiges und andere Flüssigkeiten in die Zuckerlösung geben, feste Gewürze wie Zimt oder Nelken zwischen den Früchten verteilen. Ebereschen können Sie auch zusammen mit Quitten oder Äpfeln als Mus einkochen, Vogelkirschen gut mit Pflaumen.

Wie verwenden? Zu Eis, Joghurt und Quarkspeisen oder für Soßen zu Wildgerichten.

Chutney

Wildobst-Chutney ist speziell: Die Mischung aus Obst, Gewürzen und Essig führt aber garantiert zu einem intensiven Geschmackserlebnis ganz ohne Geliermittel. Wie wäre es mit einer Kombination aus entkernten Hagebutten, Ingwer, Apfelessig, Salz, Chili, Zimt und Knoblauch?

Kandieren

Viele wilde Beeren haben reichlich Fruchtsäure und vertragen ordentlich Zucker. Durch das Kandieren werden sie also nicht nur haltbar, sondern auch milder.

Dauert ... Ungefähr 20 Minuten arbeiten, dann eine Woche warten.

Hält sich Die Früchte bleiben etwa ein Vierteljahr weich.

Welche Früchte? Es eignen sich alle Früchte von fester Konsistenz, die wenig Saft haben, wie Hagebutten oder Berberitzen.

So geht's: Früchte säubern und Kerne entfernen. 250 ml Wasser erwärmen, darin 600 g Zucker auflösen und 10 Min. kochen lassen. 500 g halbierte und entkernte Beeren zugeben und aufkochen. Mit einem Schaumlöffel herausnehmen, auf Backpapier ausbreiten und 6–8 Tage trocknen lassen. In Blechdosen schichtweise Backpapier und kandierte Beeren einfüllen.

Wie verwenden? Für Gebäck, zu Wild oder als feine Knabberei.

Trocknen

Trocknen ist gerade zum Konservieren kleiner Früchtchen eine simple Methode. Toll ist außerdem, dass – zumindest beim schonenden Dörren mit niedriger Temperatur – viele wertvolle Inhaltsstoffe der Beeren erhalten bleiben.

Dauert ... Je nach Methode wenige Stunden oder Tage.

Hält sich In einer Blechdose aufbewahrt jahrelang.

Welche Früchte? Besonders die kleinen Früchte, die ohnehin nicht viel Wasser haben, eignen sich zum Dörren: Hagebutten, Berberitzen, Mahonien.

Mehr als Früchtetee

Für Tee können Sie von einigen Pflanzen auch die Blätter verwenden: Erdbeer-, Brombeer- und Himbeerblätter eignen sich gut.

Zum Trocknen für Tee brauchen Sie das Sträußchen mit Wald-Erdbeeren nur kopfüber aufzuhängen.

So geht's: Beeren säubern, falls nötig trockentupfen und entkernen bzw. entsteinen. Auf einen feinen Rost oder auf Backpapier legen und an einem warmen, luftigen Ort etwa eine Woche trocknen lassen, bis sie die gewünschte Konsistenz erreicht haben. Schneller geht's in der Sonne (Achtung, nachts oder bei feuchtem Wetter ziehen die Früchte wieder Flüssigkeit) oder im leicht geöffneten Backofen bei 50 °C.

Wie verwenden? Getrocknete Beeren eigen sich besonders gut für Müsli, Salat, in Kuchen, Reis oder als Knabberei. Je nach Verwendung können Sie sie in wenig Wasser oder Alkoholischem aufweichen. Als Tee mit kochendem Wasser übergießen und mindestens 10 Minuten ziehen lassen.

Likör

Selbst gemachter Wildfruchtlikör ist einfach herzustellen und kommt bei einer Einladung oder als Geschenk immer gut an. Durch Ihr persönliches Lieblingsgewürz verfeinern Sie das Tröpfchen und kreieren Ihre eigene Hausmarke. Hier folgen zwei Beispiele.

Vogelbeerlikör

- 800 g Vogelbeeren
- 500 g brauner Kandiszucker
- 1 Stange Zimt
- 1 Vanilleschote
- 1 l Korn

Saubere Früchte mit Kandiszucker und Zimt leicht zerstampfen, über Nacht stehen lassen und am nächsten Tag in eine Flasche mit weitem Hals füllen. Die Vanilleschote längs halbieren und das Mark zugeben, dann den Korn einfüllen und die Flasche verschließen. An einem hellen, aber nicht sonnigen Ort ziehen lassen und alle paar Tage schütteln. Nach 3 Monaten abseihen und in saubere Flaschen füllen. So ist er ein knappes Jahr haltbar.

- 250 g Holunderbeeren
- 150 ml Weingeist
- 500 g Zucker

Holunderbeerenlikör

Beeren mit einer Gabel von den Stielen trennen, kurz abwaschen, abtropfen lassen und in eine Flasche mit weitem Hals geben. Mit Weingeist auffüllen, bis alle Beeren bedeckt sind. Nach Geschmack Vanille, Orangenschalen oder Zimt zugeben. 4 Wochen an einem hellen Ort (zum Beispiel auf der Fensterbank) ziehen lassen. Beeren abseihen und Flüssigkeit in eine neue Flasche geben, mit Zuckersirup (Zucker in 200 ml kochend heißem Wasser auflösen) beliebig süßen und je nach gewünschter Stärke mit Wasser verdünnen. An einem dunklen Ort aufbewahren und innerhalb eines Jahres aufbrauchen.

Ganz klar wird Likör, wenn er durch einen Kaffeefilter in die Flaschen gefüllt wird.

Zum Frühstück

Die besten Tage im Leben muss man auch gut anfangen. Gönnen Sie sich zum Frühstück hochwertige Wildfruchtleckereien, dann haben Sie heute schon eine gute Tat vollbracht. Hier sind einige Ideen für ein Luxusfrühstück.

Bucheckernbrioches

Für etwa 12 Brioches:

Vorteig:

- 100 ml Milch
- 1 gestr. EL Zucker
- 40 g frische Hefe
- 100 g Mehl

Teig:

- 350 g Mehl
- 70 g geschälte und gemahlene Bucheckern
- 50 ml Milch
- 7 Eigelb
- 1 Prise Salz
- 1 Schuss Rum
- 125 g Butter

- Butter für die Muffinform
- 1 Eigelb zum Bestreichen

Für den Vorteig Hefe und Zucker in die lauwarme Milch einrühren, dann mit Mehl vermengen und an einem warmen Ort etwa eine Viertelstunde zugedeckt gehen lassen (Volumen sollte sich in etwa verdoppelt haben).
Für den Teig alle Zutaten bis auf die Butter mit dem Knethaken oder der Hand mit dem Vorteig vermengen. Die weiche Butter zufügen und alles zu einem homogenen Teig kneten, der sich von der Schüssel löst (eventuell etwas Mehl zufügen). Zugedeckt an einem warmen Ort gehen lassen, bis der Teig auf das doppelte Volumen aufgegangen ist (dauert etwa eine halbe Stunde).
Muffinformen mit Butter einfetten. Den Teig portionsweise in die Mulden füllen und noch einmal 20 Minuten gehen lassen, dann mit Eigelb bestreichen. Inzwischen den Backofen auf 180 °C vorheizen. Brioches 20–30 Minuten backen, aus der Form stürzen und mit Butter oder pur zum Kaffee genießen.

Wildes Müsli

Für 2 Portionen:

- 1 Handvoll wilde Nüsse
- 1 Handvoll wilde Beeren
- Müsli
- Joghurt und Honig nach Belieben

Bucheckern, Wal- oder Haselnüsse schälen und bei mittlerer Hitze leicht anrösten. In der Zwischenzeit fertige oder eigene Müslimischung (zum Beispiel aus Hafer- und Dinkelflocken, Cornflakes, Kürbis- und Sonnenblumenkernen und Leinsamen) mit Joghurt und Honig in ein Schüsselchen geben. Früchte und Nüsse dazu geben – fertig.

Quark mit Sanddornmarmelade

Für 4 Portionen:

- 500 g Sanddornfrüchte
- 250 g Gelierzucker 2:1
- 500 g Sahnequark

Den Sanddorn von Schmutz und Stielen befreien und mit wenig Wasser aufkochen. Die Beeren platzen auf, dann die Masse durch ein Sieb geben. Dieses Mus mit Gelierzucker mischen und etwa 5 Min. kochen. Gelingt die Gelierprobe (Seite 308), die Marmelade in ein sauberes Glas füllen. Sobald sie etwas abgekühlt ist, pro Person einige Löffel auf etwa 125 g Quark geben. Wie Sie einen milden Quark einfach selber machen können, erfahren Sie auf Seite 320.

Fruchtharmonie

Zu Sanddorn passt – farblich und geschmacklich – Orange. Einfach Schalen, frischen Saft oder Fruchtstücke mit in die Marmelade oder den Quark geben. Besonders raffiniert ergänzt etwas Kardamom den fruchtigen Geschmack.

Herzhaftes

Mit ihrer oft kräftig-herben Note passen Wildfrüchte hervorragend zur herzhaften Küche. Gerade im Herbst sind sie gute Begleiter für Wild oder Kürbis. In der Haute Cuisine werden sie dafür regelmäßig verwendet. Jetzt sind Sie dran.

Wildschwein mit Hollersoße

Für 2 Portionen:

- 2 große oder 4 kleine Wildschweinkoteletts
- 1 Knoblauchzehe
- 2 Zweige Thymian
- 8 Wacholderbeeren
- 4 EL Holunderbeerenmarmelade (Rezept Seite 307)
- 100 ml kräftiger Rotwein
- Salz und Pfeffer

Koteletts mit halbierter Knoblauchzehe, Salz und Pfeffer einreiben. In einer Pfanne Butterschmalz erhitzen und das Fleisch zusammen mit den Thymianzweigen je nach Dicke auf jeder Seite einige Minuten anbraten. Wenn sie durch sind, die Koteletts in Alufolie wickeln und warmstellen. Gewürze und Bratensatz in der heißen Pfanne mit Rotwein ablöschen. Marmelade und zerstoßene Wacholderbeeren (das funktioniert gut mit etwas Salz) dazugeben, 5 Minuten köcheln lassen und mit Salz und Pfeffer abschmecken.
Dazu passen ein frischer Salat und Kroketten. Noch fruchtiger wird die Soße mit Apfel-, Birnen- oder Quittenstücken.

Kastanien-Kürbis-Pfanne

Für 4 Personen:

- 30 Maronen
- 1 Knoblauchzehe
- 3 Schalotten
- 1 kg Kürbisfleisch
- Butterschmalz
- Zimt, Salz und Pfeffer

Maronenschale kreuzweise einschneiden und die Maronen in Salzwasser 20 Minuten kochen. In der Zwischenzeit Schalotten schälen und fein schneiden. Zusammen mit groben Kürbisstücken, etwas Butterschmalz, Salz und der Knoblauchzehe in einer geschlossenen Pfanne dünsten.
Wenn der Kürbis noch gut bissfest ist, den Deckel der Pfanne abnehmen. Maronen schälen, in die Pfanne geben und das Ganze wenige Minuten bei hoher Hitze goldbraun braten. Raffiniert: Einige Zweige Zitronenthymian bringen Frische in die Kastanien-Kürbis-Pfanne.

Herbstsalat mit Gorgonzola

Walnusskerne in einer trockenen Pfanne leicht anrösten. In der Zwischenzeit Birne und Gorgonzola würfeln und zusammen mit Spinat und Heidelbeeren in eine Salatschüssel geben. Mit beliebigem Dressing (wie wäre es mit Walnussöl, Berberitzen-„Essig“ von Seite 270, etwas Honig, Salz und Pfeffer) mischen und am Schluss Walnusskerne darüber verteilen.

Für 2 Portionen:

- Kerne von 10 Walnüssen
- 1 Birne
- 120 g Gorgonzola
- 1 Handvoll frischer junger Spinat
- 1 Handvoll Heidelbeeren

Süßes

Egal, ob aus frischen oder konservierten Früchten – es gibt hunderterlei Möglichkeiten, mit ihnen feine Kekse, Kuchen und Desserts herzustellen. Lassen Sie sich durch die folgenden Seiten inspirieren und werden Sie selbst kreativ.

Extra frischer Beerenquark

Für 4 Portionen:

- 1 l Milch
- 100 g Sahne
- 1 Zitrone
- 250 g Beeren
- Honig

Milch und Sahne in einen Topf geben und erhitzen. Währenddessen ab und zu umrühren und die Zitrone auspressen. Wenn Milch und Sahne zu kochen beginnen, den Zitronensaft einrühren und weiterkochen, bis die Milch ausflockt. Grobes Geschirrtuch in ein großes Sieb legen und die geronnene Milch langsam eingießen. Die 4 Tuchzipfel zusammenbinden und über dem Topf an einem langen Kochlöffel 3 Stunden hängen lassen. Den Quark aus dem Tuch nehmen, mit den Beeren verrühren und nach Belieben mit Honig süßen.

Hagebuttenkekse

Für 2 Bleche:

- 225 g weiche Butter
- 200 g brauner Zucker
- 100 g weißer Zucker
- 2 Eier
- Mark von 1 Vanilleschote
- 170 g Mehl
- 1 TL Backpulver
- 1/2 TL Salz
- 300 g Haferflocken
- 60 g getr. Hagebutten

Butter und Zucker schaumig rühren, Eier und Vanille zugeben und verquirlen. Das Mehl mit dem Backpulver mischen, zugeben, am Ende die Haferflocken und Hagebutten unterheben. Auf ein Backblech (Backpapier!) mit ausreichend Abstand kleine Häufchen setzen bei 180 °C 12–15 Min. backen.
Wer's süßer mag, kann auch kandierte Hagebutten verwenden (Seite 310).

Himbeerbuttermilch

Für 2 Portionen:

- 150 g Himbeeren
- 500 ml Buttermilch
- 1 Pck. Vanillezucker

Himbeeren säubern und mit Buttermilch und Vanillezucker pürieren. Wer sich an den Kernen stört, kann sie mit einem Sieb abfangen. Zur Deko einfach 3 Himbeeren auf einen Zahnstocher spießen.

Beerenauflauf

Für 4 Portionen:

- 125 g Zucker
- 30 g zerlassene Butter
- 5 Eier
- 1/4 l Milch
- 150 g Mehl
- 200 g Sahne
- 1 Prise Salz
- 1 Vanilleschote
- 1 Schuss Cognac
- 600 g Heidelbeeren oder gemischte Beeren
- Puderzucker

Zucker, Butter, Eier, Milch, Sahne und Salz verrühren, Mehl unter Rühren dazu sieben. Vanilleschote längs aufschneiden und mit einem Messer das Mark herauskratzen. Dieses und den Cognac unter den Teig rühren. 1 Stunde im Kühlschrank ruhen lassen, dann kurz umrühren und in eine gefettete Auflaufform geben. Heidel- oder gemischte Beeren gleichmäßig darauf verteilen. Bei 180 °C 75 Minuten backen und noch warm mit Puderzucker bestäuben und genießen.

Wilde Schokolade

- 100 g Lieblingsschokolade
- frische Wal- oder Haselnüsse
- Gewürze (siehe Tipp)
- 1 Handvoll Früchtemix (siehe Tipp)

Schokolade im Wasserbad schmelzen lassen. In der Zwischenzeit Nüsse in Eiswürfelbehälter füllen. Die flüssige Schokolade mit Gewürzen mischen und zu den Nüssen einfüllen. 1 Minute warten, dann leichte, kleine Zutaten wie Beeren, Blüten und Salz drüberstreuen. Auf Zimmertemperatur abkühlen lassen. Vor dem Auslösen aus der Form kurz ins Gefrierfach stellen, damit sie nicht festkleben.

Jedem sein Mix

Als Gewürze bieten sich an: Ingwerpulver, Chili, Zimt, Kardamom, Pfeffer oder auch Minzöl. Im Früchtemix können getrocknete oder kandierte Früchte oder getrocknete Blüten(-blätter) (Lavendel, Ringelblume, Rose) sein, aber auch Kakaostückchen, grobes Salz oder fein geschnittene Chilifäden.

Blaubeerpfannkuchen

Für 2 Personen:

- 1 Ei
- 200 g Mehl
- 1 TL Backpulver
- 1 P. Vanillezucker
- 1 Pr. Salz
- etwa 1 Glas Milch
- 2 Handvoll Blaubeeren
- Butterschmalz
- Ahornsirup

Als erstes das Ei trennen. Eigelb zusammen mit Mehl, Backpulver, Zucker und Salz gut verrühren. Dabei nach und nach so viel Milch zugeben, bis ein cremiger Teig entsteht. Das Eiweiß steif schlagen und unter den Teig heben. Beeren zugeben. Butterschmalz in einer Pfanne erhitzen und die kleinen, dicken Pfannkuchen bei mittlerer bis starker Hitze 2–3 Minuten pro Seite goldbraun braten. Die heißen Pfannkuchen mit Ahornsirup begießen. Wer diesen nicht zur Hand hat, kann die Pfannkuchen auch mit Puderzucker genießen.

Sirup aus Vogelkirschen

Für 1 l Sirup:

- 350 g Vogelkirschen, gewaschen und entsteint
- 500 g Zucker
- Saft von 1/2 Zitrone
- 15 g Zitronensäure (Pulver, Apotheke oder Drogerie)
- dicht verschließbare Flaschen (Milchflaschen oder solche mit Bügelverschluss)

Flaschen heiß spülen, umgedreht auf einem Tuch trocknen lassen und vor dem Abfüllen für 10 Minuten bei 100° C in dem Backofen geben. 500 ml Wasser 5 Minuten kochen, etwas abkühlen lassen, dann Zitronensaft und -säure darin auflösen. Kirschen zugeben und mit einem Kartoffelstampfer sanft drücken, sodass der Saft austritt. 1 Stunde stehen lassen. Durch ein Tuch in einen anderen Topf gießen. Den Zucker zugeben, noch einmal kurz aufkochen lassen. Sirup noch heiß randvoll in „gebackene" Flaschen abfüllen, Deckel fest verschließen, abkühlen lassen. Im Kühlschrank 4 Wochen haltbar. Geöffnete Flaschen innerhalb weniger Tage verbrauchen.

Bucheckermarzipan

- 250 g bereits erhitzte und geschälte Bucheckern (Seite 320)
- 250 g Puderzucker
- 3 Tropfen Bittermandelöl
- 2 EL Rosenwasser

Bucheckern ganz fein mahlen. Mit den anderen Zutaten mischen und gründlich kneten, bis die Masse homogen wird. Gut eingepackt im Kühlschrank aufbewahren.
Bucheckermarzipan eignet sich gut für nussiges Gebäck oder ganz besondere Pralinen.

Nussgenuss nach Wunsch

Statt der Bucheckern sind auch Walnüsse oder Haselnüsse einsetzbar. Eine ganz andere Note bekommt das Marzipan mit Orangenblütenwasser statt Rosenwasser. Wer will, kann statt Zucker auch Honig nehmen, dann aber etwas weniger, damit die Konsistenz noch stimmt.

Wer passt zu wem?

Gute Freunde in der Beerenküche

Wald-Erdbeere	Rhabarber, Minze, Pfeffer
Himbeere	Vanille, Zitrone
Preiselbeere	Apfel, Birne
Berberitze	Birne, Apfel, Walnüsse
Hagebutte	Nüsse, Mandeln, Rosmarin
Vogeleere	Apfel, Quitte, Gin
Kornelkirsche	Birne, Thymian
Vogel-Kirsche	Kirsche, Mandeln, Pflaumen, Rotwein
Sanddorn	Orange, Karotte
Heidelbeere	Nelken, Vanille
Brombeere	Erdbeere, Zitrone
Kratzbeere	Erdbeere, Zitrone
Mahonie	Birne, Nüsse
Felsenbirne	Walnüsse
Schlehe	Haselnüsse, Zimt
Schwarzer Holunder	Minze, Johannisbeeren, Cassis
Ess-Kastanie	Pilze, Vanille, Kardamom, Zimt, Nelken
Walnuss	Birne, Honig
Haselnuss	Wildbeeren, Johannisbeeren, Cassis
Buchecker	Apfel, Rosenwasser

Exotische Genüsse ...

... ergeben sich zum Beispiel aus Mango und Kornelkirsche oder Avocado und Berberitze. Fragt sich nur: Wer ist hier eigentlich ungewöhnlicher, der „Exot“ oder die „wilde Einheimische“?

Und jetzt ab in die Pilze

Der passende Zeitpunkt

Viele Leute meinen, dass Pilze nur im Herbst wachsen. Mag sein, dass da besonders viele Pilzsammler auf der Jagd nach den leckeren Schätzen sind. Das heißt aber nicht, dass man in den anderen Jahrezeiten keinen Erfolg beim Pilzesuchen haben kann.

Was sind Pilze?

Pilze sind weder Tier noch Pflanze: Sie tragen keine grünen Blätter wie die Pflanzen und leben auch ganz anders als Tiere. Aber wozu gehören diese eigenartigen Lebewesen? Sie sind so speziell, dass sie in der Biologie ein eigenes Reich bilden – das Pilzreich.
Das, was wir von einem Pilz sehen und verspeisen, ist gar nicht der ganze Organismus, sondern nur ein Teil, mit dem er sich fortpflanzen kann: der Fruchtkörper eines riesigen unterirdischen Fadengeflechts, das als Myzel bezeichnet wird. Dieses Geflecht bildet aber nur zu bestimmten Zeiten seine Fruchtkörper aus, so ähnlich wie Bäume auch nur in bestimmten Monaten Früchte tragen. Das muss der Pilzsammler bei der Wahl des Zeitpunkts im Hinterkopf haben.

Die vier Jahreszeiten

Ein Großteil der Speisepilze sprießt tatsächlich im Herbst. Manche kommen aber auch das ganze Jahr über vor, einige dagegen sind ausgesprochene Frühlings-, Sommer- oder Winterpilze. Oft spielt dabei das Wetter eine tragende Rolle für den Sammelerfolg (Seite 330). Eine Pilztour kann also zu jeder Jahreszeit lohnend sein! Die oben rechts stehende Tabelle zeigt Ihnen im Überblick, welche Speisepilze für welche Jahreszeit typisch sind.

Pilze wachsen nicht nur im Herbst!

	Frühling	Sommer	Herbst	Winter
Mairitterling	●			
Speisemorchel	●			
Sommersteinpilz		●		
Maronenröhrling			●	
Herbsttrompete			●	
Austernseitling				●
Schopftintling		●	●	
Judasohr	●	●	●	●

Ausnahmen bestätigen die Regel

Durch bestimmte Witterungseinflüsse wie Kälte- und Trockenperioden können sich die Pilzsammelzeiten im Jahr mehr oder weniger stark verschieben. Es kommt aber auch immer wieder vor, dass manche Arten zu einer völlig anderen Zeit wachsen, als es für sie allgemein bekannt ist. Solche Phänomene können selbst Fachleute nicht immer erklären, denn das Pilzwachstum ist eine komplexe Angelegenheit, die von sehr vielen Faktoren abhängt. Die angegebenen Monate für das Erscheinen der verschiedenen Pilzarten sollten Sie daher als grobe Daumenregeln auffassen.

Wer zuerst kommt ...

... malt zuerst, so ist das auch beim Pilzesammeln. Oft lohnt sich zeitiges Aufstehen, damit man früher als andere Sammler ergiebige Stellen entdeckt.

Pilzwanderung

Unbedingt zu empfehlen ist eine geführte Pilzwanderung als Pilztour Nr. 1, bei der Sie von Fachleuten begleitet erste Erfahrungen sammeln können. Anbieter finden Sie im Internet, bei den Pilzberatungsstellen oder über die Volkshochschule.

Pilzwetter

Die Witterungsverhältnisse spielen für das Pilzwachstum eine große Rolle, aber auch hier gelten die allgemeinen Regeln nicht für alle Pilze in gleichem Maß. Auf jeden Fall gibt es einige Wetterbedingungen, die das Wachstum der meisten Speisepilze positiv beeinflussen.

Bodenfeuchte

Natürlich nehmen Pilze die Feuchtigkeit hauptsächlich über den Boden auf. Einzelne Regenfälle bringen aber noch nicht den gewünschten Effekt, vor allem wenn heißes Wetter das Wasser von der Boden-oberfläche im Nu wieder verdunsten lässt. Eine regnerische Periode bei bedecktem Himmel sollte idealerweise Ihrer Sammeltour vorausgehen.

Luftfeuchtigkeit und Wind

Trockene Luft und Wind trocknen den Oberboden schnell aus. Deshalb ist hohe Luftfeuchtigkeit und stehende Luft eine gute Voraussetzung für reiche Ernten. Ein Tag schwüle Gewitterluft reicht allerdings nicht aus – wenn es gerade also nicht regnet, sollte die Luftfeuchtigkeit schon einige Tage bis Wochen hoch sein, damit sich die Suche richtig lohnt.

Ihre erste Pilztour …

… unternehmen Sie also am besten:

- im Spätsommer oder Herbst (August bis Oktober), wenn Marone, Rotkappe und Fichtensteinpilz Saison haben (das sind Pilze mit geringem Verwechslungsrisiko!),
- 1–2 Wochen nach einer Regenperiode, in der es relativ warm war,
- am frühen Morgen.

Wächst auch bei eisigen Temperaturen: der Austernseitling.

Die richtige Temperatur

Kalte Temperaturen hemmen das Wachstum der meisten Pilze, eine gewisse Wärme fördert es. Jede Pilzart hat dabei ihre ganz bestimmte „Lieblingstemperatur“, bei der sie am schnellsten wächst. Dieses Temperaturoptimum liegt in der Regel zwischen 18 und 27 °C. Wenn es viel zu heiß oder kalt ist, wachsen viele Pilze kein bisschen und sind auch an den besten Plätzen nicht zu finden.
Das heißt aber noch lange nicht, dass der Korb leer bleiben muss, denn auch hier gibt es Ausnahmen – man muss nur nach der richtigen Art suchen: Der Austernseitling beispielsweise fängt erst nach einem Kältereiz von unter 11 °C an zu sprießen und gedeiht auch bei Temperaturen um den Gefrierpunkt scheinbar problemlos.

Die richtige Ausrüstung

Den Korb packen

Das passende Equipment fürs Pilzesammeln ist wichtig. Wenn Ihre Findlinge etwa im Sammelgefäß nicht genügend Luft haben, kann das die Ernte verderben und sogar gesundheitliche Folgen haben. Richtig ausgerüstet zu sein trägt also auch zu Ihrer Sicherheit bei!

Kleidung

Auch als Pilzsammler sollten Sie, wie ein Wanderer oder Bergsteiger, auf eine gute Ausrüstung achten. Feste Schuhe, bequeme Kleidung und Regenschutz sind Grundvoraussetzung für eine ausgedehnte Tour. Schnell verlässt man die Wege, streift kreuz und quer umher und kämpft sich manchmal durch Dickicht und Unterholz (Achtung, Zeckengefahr!). Daran sollten sie denken, wenn sie in den Kleiderschrank greifen.

Nie ohne Buch

Vergessen Sie auf keinen Fall, ein Pilzbuch einzustecken. Wenn Sie nicht genau nachkontrollieren können, ob der entdeckte Pilz essbar ist, wird die Suche umsonst sein. Er muss **zu hundert Prozent** sicher bestimmt sein, damit Sie ihn mitnehmen und zubereiten können – und das ist für den Unerfahrenen ohne ein gutes Buch, in dem auch die giftigen Doppelgänger stehen, nicht möglich. Was Sie beim Bestimmen beachten müssen, finden Sie ab Seite 354. Unbekannte Pilze bitte in jedem Fall stehen lassen!

Hilfreich sind außerdem ein Stift und ein kleiner Schreibblock; so können Sie sich für den nächsten oder übernächsten Pilzausflug zum einen oder anderen Pilz Notizen machen: Wo genau steht er? Ist er jetzt noch zu klein zum Sammeln?

Das Sammelgefäß

Wer die gefundenen Pilze in unversehrter, appetitlicher Verfassung mit nach Hause bringen möchte, der sollte luftige und stabile Behältnisse verwenden. Gut geeignet sind Weiden- und Spankörbe, darin hält sich Ihr Sammelgut am besten.
Taschen, Beutel und Tüten aller Art sollten Sie zu Hause lassen, darin werden die empfindlichen Pilze gedrückt und beschädigt. Und noch schlimmer: Pilze geben immer Feuchtigkeit ab, und wenn diese nicht verdunsten kann, werden sie matschig, unansehnlich und verderben leicht. Solche gepeinigten Pilze können, obwohl es sich um gute Speisepilze handelt, ebenfalls zu einer Vergiftung führen. Sie sind vergleichbar mit altem Fisch oder verdorbener Wurst!

Das Messer

Zur Grundausrüstung gehört auch ein Messer. Hier haben sich Taschenmesser bewährt, da von ihnen eine geringe Verletzungsgefahr ausgeht. Immer schön abgeputzt, lässt es sich auch gleich für den Proviant gut gebrauchen.

Extra Tipp

Wenn Sie erst einmal am Suchen sind und vielleicht schon erste Erfolgserlebnisse hatten, kann sich so eine Pilztour länger hinziehen als ursprünglich geplant. Es schadet also nicht, ein Getränk und zumindest eine kleine Stärkung mit dabei zu haben. Sollte der erste Erfolg ausbleiben, empfiehlt sich ein Stückchen Schokolade, das hebt die Stimmung! Ebenfalls erheiternd und ebenso hilfreich ist es, gemeinsam mit Freunden aufzubrechen. Vier Augen sehen mehr als zwei, und das gemeinsame Bestimmen macht die Sache sicherer.

Das A und O ist das Wo!

Des Pilzes Lebensraum

Zu wissen, wo Pilze am liebsten und am prächtigsten gedeihen, ist die wahre Kunst des Pilzefindens. Die Lebensraum-Ansprüche jeder Pilzart zu kennen erleichtert aber nicht nur die Suche, sondern kann auch beim Bestimmen helfen.

Pilze wachsen doch ...

... im Wald – das weiß schließlich jeder! Stimmt, Wälder sind die Sammelregion schlechthin (aber nicht die einzige!). Warum ist das so?

Viele Pilze bilden mit Bäumen eine Lebensgemeinschaft, eine Symbiose, die man Mykorrhiza nennt. Das Pilzgeflecht (Myzel) legt sich dabei um die Wurzeln des Baumes und dringt oftmals in diese ein. Vom Baum bekommt es dadurch Kohlenhydrate und bietet ihm im Gegenzug Wasser und Nährsalze an.

Einige dieser Mykorrhizapilze sind in ihrer „Partnerwahl" auf nur eine Baumart fixiert, deshalb werden Sie sie nur in der Nähe von bestimmten Bäumen finden. Fichtenreizker, Lärchenröhrlinge oder Espenrotkappe tragen ihren Lebenspartner schon im Namen.

Andere sind etwas flexibler und können mit mehreren Arten in Symbiose leben. Pfifferlinge zum Beispiel wachsen unter Nadel- ebenso wie unter Laubbäumen, auf belaubtem Boden allerdings viel besser versteckt.

Wald ist nicht gleich Wald

Je nach Bodenverhältnissen und vorkommenden Pflanzen bieten Wälder ganz verschiedenartige Lebensräume für Pilze. Auf den folgenden Seiten finden Sie deshalb eine Übersicht, in welchen Wäldern welche Pilze zu finden sind.

Auch das Alter des Waldes ist ein wichtiger Faktor: In jungen Anpflanzungen sind meist nur wenige Pilze zu finden, ältere Schonungen sind schon erfolgversprechender.
Je natürlicher ein Wald ist, desto größere Chancen auf Pilze haben Sie. Solche Wälder können Sie an drei wesentlichen Aspekten erkennen: 1. Viele verschiedene Pflanzen wachsen dort. 2. Die Bäume sind nicht alle gleich hoch (also unterschiedlich alt). 3. Sie finden auch tote Bäume, Stämme und Äste.

Andere Suchgebiete

Wälder sind aber nicht die einzigen Lebensräume, in denen Sie gute Chancen auf leckere Pilze haben. Vor allem Waldränder, Viehweiden und Wiesen sind für Pilzsammler besonders beliebte Suchgebiete.
Aber auch an ganz gewöhnlichen Wegrändern oder in Gärten und Parkanlagen kann es sich ebenfalls lohnen, die Augen offen zu halten.
Nur bitte sammeln Sie nicht in Naturschutzgebieten. Das ist strafbar!

Lieblingsorte

Jeder Pilz hat eigene Ansprüche an den Untergrund. Bei den Porträts der besten Arten ab Seite 364 wird unter dem Stichwort „Lieblingsorte“ erwähnt, wo Sie den Pilz genau suchen müssen.
Auch die Beschaffenheit des Untergrundes spielt eine wesentliche Rolle: der Nährstoffgehalt, der Säuregrad und vor allem die Feuchtigkeit sind ausschlaggebend. An Baumstümpfen, moosigen Stellen und in Mulden hält sich die Feuchtigkeit besonders gut und man wird in trockeneren Zeiten trotzdem noch fündig.

Typisch: Das Judasohr wächst an alten Holunderstämmen.

Nadelwälder

Ein idealer Nadelwald für Pilze ist alles andere als eine monotone Schonung: Er hat abwechselnd Stellen mit Moos, Nadelstreu, kleinen Sträuchern und Gras. Die Hauptbaumarten sind Kiefer, Fichte und Tanne.

Diese Pilze wachsen bevorzugt in unseren Nadelwäldern: Fichtensteinpilz, Kiefernsteinpilz, Maronenröhrling, Goldröhrling, Rotfußröhrling, Ziegenlippe, Sandröhrling, Trompetenpfifferling, Edelreizker, Habichtspilz und Krause Glucke.

Kiefernwälder

Ganz besonders viele Speisepilze wachsen in moosreichen Kiefernwäldern. Hier macht das Sammeln richtig Spaß, da es wenig dichten Unterwuchs gibt und man an den offenen Stellen eine gute Übersicht hat. Abseits

Der Boden im Kiefernwald ist oft recht übersichtlich.

viel befahrener Straßen füllt sich da der Pilzkorb recht schnell.
Kiefernwälder gibt es auch an sehr trockenen Standorten, dann ohne viel Moos. Sie sind leider weniger ergiebig.

Fichtenwälder

Was im Flachland die Kiefer ist, wird im Bergland durch die Fichte weitgehend ersetzt. Fichtenwälder sind sehr lichtarm und manchmal sehr dicht. Die starke Schicht nicht verrotteter Fichtennadeln wirkt sich ungünstig auf Blütenpflanzen aus. Für Pilze stellt das oft kein Problem dar. Fichtenwälder sind gute Pilzreviere, die oft durch das Dickicht jüngerer Bäume undurchdringlich wirken; aber auch hier gibt es lichtere Stellen, die zum Sammeln einladen.
Fichtenwälder finden sich auch in flacheren oder hügeligen Regionen. Sie wachsen dort aber nicht von Natur aus, sondern sind durch die Forstwirtschaft entstanden. Vor allem mit eingestreuten Kiefern und Tannen können sie ein sehr lohnenswertes Gebiet darstellen.

Eine lichte Stelle im naturnahen Fichtenwald: da lohnt sich genaueres Hinsehen!

Tannen und Lärchen

Tannen- oder Lärchenwälder kommen erst in höheren Lagen und in den Alpen vor. In tieferen Lagen mischen sich die beiden Baumarten unter Kiefer und Fichte oder Laubbäume, ob natürlich oder angepflanzt. Da es einige Pilze gibt, die speziell mit ihnen in Symbiose leben, erhöht ihr Vorkommen die Pilzvielfalt.

Der starke Partner Nadelbaum

Weil so viele Pilze mit Bäumen in einer Gemeinschaft leben, muss man als Pilzsammler auch die wichtigsten Bäume erkennen können. Im Gegensatz zur Pilzbestimmung müssen Sie hier aber nur auf wenige, recht einfache Merkmale achten.

Kiefer

In Mitteleuropa ist die Wald-Kiefer die häufigste Kiefernart:

- Hoher Baum mit unregelmäßigen Ästen
- Lange, leicht gedrehte Nadeln zu zweit zusammen
- Rinde unten grob längsfurchig, grauschwarz, oben rötlich braun

Fichte

Bei Fichten handelt es sich meistens um die Gemeine Fichte, auch Rot-Fichte genannt:

- Hoher Baum mit regelmäßigen Ästen (wie Tannenbaum)
- Stechende Nadeln, rings um die Zweige
- Zapfen hängen nach unten und fallen im Ganzen ab

Fichte oder Tanne?

Fichte und Tanne auseinanderzuhalten ist auf den ersten Blick nicht immer ganz einfach. Da hilft der Merkspruch: „Fichte sticht, Tanne nicht!" Probieren Sie es aus!

Tanne

Am häufigsten findet man bei uns die Weiß-Tanne:

- Hoher Baum mit regelmäßigen Ästen
- Nadeln nicht stechend und seitlich abstehend
- Zapfen stehen wie Kerzen nach oben, Samenschuppen fallen einzeln ab

Lärche

Die Europäische Lärche kommt in den Bergen natürlich, im Flachland häufig angepflanzt vor:

- Verfärbt und verliert im Herbst ihre Nadeln
- Nadeln stehen in kleinen Büscheln zusammen
- Zapfen klein und rundlich-oval

Laubwälder

Ein idealer Laubwald für Pilze sollte abwechslungsreich sein. Er ist nicht allzu trocken. Seine Hauptbaumarten sind Buche, Eiche, Hainbuche, Birke oder Zitter-Pappel. Diese Laubbäume haben viele Pilzarten als Mykorrhiza-partner.

Diese Pilze wachsen bevorzugt in Laubwäldern: Sommersteinpilz, Mairitterling, Austernseitling und Herbsttrompete.

Buchenwälder

Der mit Abstand häufigste Laubbaum in Mitteleuropa ist die Rot-Buche, denn sie ist an unser Klima gut angepasst. Auf Jurakalk wie dem Schweizer-Schwäbisch-Fränkischen Jura (besser unter Fränkische Alb, Fränkische Schweiz, Schwäbische Alb usw. bekannt), den randlichen Alpen oder einigen Vulkangebieten bildet sie ausgedehnte Wälder. Neben der Buche als

Buchenwälder erkennt man schon von Weitem an ihrem frischen Grün.

Hauptbaumart kommen dort vor allem Hainbuche, Eiche, Ahorn und Esche vor. Besonders an Stellen, an denen der Boden etwas offener ist und wenige kleinere Pflanzen vorkommen, sind vielerlei Pilze zu finden. Gerade in regenreichen Herbstzeiten lohnt sich hier die Suche.

Auwälder und Erlenbrüche

Die feuchten Auwälder oder Erlenbrüche finden Sie in Fluss- oder Bachtälern oder in grundwassernahen Gebieten. Allesamt sind sie durch eine hohe Bodenfeuchte – zum Teil sogar regelmäßige Überschwemmungen – geprägt. Pilze mögen es zwar generell feucht, aber leider wachsen hier eher ungenießbare und giftige Arten, für den Speisepilzsammler nicht gerade verlockend. Ein Frühlingsausflug in den nächsten Auwald kann sich trotzdem lohnen: Die ausgezeichnete und leicht bestimmbare Speisemorchel braucht genau diese Bedingungen.

Ein Goldstück im Auwald: die Speisemorchel.

Birken und Zitter-Pappeln

In unseren Breiten gibt es keine ausgedehnten Wälder mit Birken oder Zitter-Pappeln, die als gute Symbiose-Bäume für Pilze gelten. Trotzdem findet man diese Bäume – und ihre vielen Pilzpartner – nicht selten. Sie tauchen oft an Waldrändern, in Hainen, als Alleen oder einzeln stehend auf.

Der starke Partner Laubbaum

In unseren Breiten gibt es weit mehr Laubbäume und -sträucher als Nadelbäume. Die allerhäufigsten heimischen Arten sind gleichzeitig am interessantesten für den Pilzsucher. Sie lassen sich leicht an zwei Händen abzählen.

Buche

Die Rot-Buche ist unser häufigster Baum:

- Blätter oval zugespitzt mit glattem Rand
- Rinde grau und glatt
- Früchte sind Bucheckern, die ganz oder aufgebrochen unter dem Baum zu finden sind

Birke

Es gibt in unserer Umgebung einige Birkenarten, oft handelt es sich dabei um die Hänge-Birke:

- Blätter zugespitzt mit gezacktem Rand
- Rinde weiß mit schwarzen Rissen
- Dünne Zweige hängen wie Fäden herab

Eiche

Am häufigsten wächst bei uns die Stiel-Eiche:

- Blätter ohne oder mit kurzem Stiel, fest, mit tief welligem Rand
- Eicheln in Hütchen mit langem Stiel
- Äste oft unregelmäßig krumm

Hainbuche

Die Hainbuche ist gar keine Buche, sieht ihr aber ein bisschen ähnlich:

- Blätter oval zugespitzt mit unregelmäßig gezacktem Rand
- Rinde glatt und grau, Stamm sehnig, oft strauchförmig verzweigt
- Früchte mit dreilappigen „Segelblättern“

Zitter-Pappel

Die Zitter-Pappel heißt auch Espe und ihr Name ist Programm:

- Blätter rundlich mit stumpf gezähntem Rand
- Blattstiel flach, so „zittern“ die Blätter bei Wind hin und her
- Rinde am Stamm gräulich glänzend mit dunklen „Warzen“

Bunt gemischt mit Laub und Nadeln

Die meisten Wälder in sind keine reinen Laub- oder Nadelwälder, sondern Mischwälder. Hier wachsen mehrere Baumarten, was wiederum eine gewisse Pilzvielfalt zur Folge hat. Außerdem begegnen Ihnen Bäume natürlich in Parkanlagen und Gärten – auch diese Lebensräume sind gute Suchgebiete.

Mischwälder

Pilze, die vor allem im Mischwald vorkommen, gibt es kaum. Sie sind entweder an einzelne Baumarten oder einen bestimmten Untergrund gebunden oder so unspezifisch, dass man sie als weit verbreitet bezeichnet.
Häufig sind ganz bestimmte Baumarten im Wald miteinander vergesellschaftet, weil sie denselben Standort mögen. Birken wachsen sehr gern in Nadelwäldern, Bruchwäldern oder Eichenwäldern. Berg-Ahorn und Eschen hingegen wachsen häufig in Buchenwäldern und bevorzugen nährstoffreiche Lebensräume. Der Pilzreichtum im Mischwald ist nicht zum Schluss darin begründet, dass jede Baumart ihre speziellen Begleiter mitbringt. Natürlich kommen hier zusätzlich auch Pilze vor, die nicht an bestimmte Baumarten gebunden sind.
Übrigens: Wo es vielerlei Bäume und Pilze gibt, da können Sie noch einige andere Naturschätze entdecken. Halten Sie nur die Augen und Ohren offen und Sie werden so manches hübsche Tier oder Pflänzchen aufspüren. Bitte denken Sie aber daran, dass Sie nicht in Naturparadiesen Pilze sammeln, die unter Schutz stehen!

Baumvielfalt fördert die Pilzvielfalt – im Mischwald können Sie die verschiedensten Pilze finden.

Parks und Gärten

In Parkanlagen und Gärten, aber auch auf Friedhöfen oder in Alleen sind die Bedingungen für Pilze – sofern sie nicht überdüngt sind – besonders günstig, denn hier treffen zwei wesentliche Faktoren aufeinander: Einerseits können unter den oft bunt zusammengewürfelten, häufig älteren Baumbeständen vielerlei Myhorrhizapilze wachsen, die auch im Wald vorkommen. Andererseits finden sich auf den Rasenflächen die typischen Wiesenpilze. Noch dazu bieten spezielle Ecken wie Komposthaufen oder Rindenmulch ganz besondere Bedingungen an, die von wieder anderen Pilzarten bevorzugt werden.

Einheimischen Mu-Err …

… kann jeder in seinem Kiez finden.

Das Judasohr (Seite 420) ist sehr nahe mit dem asiatischen Mu-Err verwandt und kann genau so verwendet werden. Es wächst an alten, feuchten Holundersträuchern, die sehr häufig in Gärten und Parks angepflanzt werden.

Wiesen und Weiden

Eine Wiese für Pilze hat kurzes Gras, da sie regelmäßig gemäht oder beweidet wird. Wachsen verschiedenste Gräser und Blumen auf ihr, ist auch mit vielen Pilzarten zu rechnen. Artenarme Wiesen, auf denen nur der Löwenzahn blüht, beherbergen zwar wenige, aber oft ergiebige Speisepilze.

Diese Pilze wachsen bevorzugt auf Wiesen: Wiesenchampignon, Schopftintling und Nelkenschwindling.

Geliebt und doch gefährlich

Viehweiden und Wiesen sind für Pilzsammler besonders beliebte Pilzstandorte. Das Sammeln kann dort sehr erfolgreich sein, denn viele Pilze, wie etwa der Wiesenchampignon, leuchten aus dem saftigen Grün der Wiese schon von Weitem heraus. Hier ist zwar die Chance, auf giftige Waldpilze zu treffen, eher gering – die Regel „Auf der Wiese wachsen keine giftigen Pilze" stimmt allerdings nicht. Es gibt eine ganze Reihe von Wiesen bewohnenden, meist kleinen Pilzen, die giftig sind! Wie in jedem anderen Lebensraum müssen Sie also genau prüfen, ob es sich auch zu hundert Prozent um eine essbare Art handelt, bevor sie in Ihrem Korb landet.

Wirklich nicht zu übersehen: junge Schopftintlinge.

Wirklich nicht appetitlich: alte Schopftintlinge.

Wo ist der Parasol?

Der beliebte Parasol oder Riesenschirmling wird oft als typischer Wiesenpilz bezeichnet. Doch das ist er gar nicht! Eigentlich bevorzugt er lichte Wälder und Waldwiesen und kommt nur gelegentlich auf Wiesen vor. Weil er aber im niedrigen Grün der Wiesen sogar dem auffällt, der gar nicht auf Pilzsuche ist, haben viele Leute den Eindruck, dass er dort besonders gerne wächst.

Schopftintling im Handumdrehen genießen

Vielleicht kennen Sie ihn ja schon – der Schopftintling ist ein recht häufiger Pilz, der typischerweise auf Wiesen und Weiden wächst, oft in Gruppen. Haben Sie ihn gefunden (und selbstverständlich sorgfältig bestimmt), sollten Sie ihn so schnell wie möglich verarbeiten. Sonst zeigt er sich von seiner „tintligen" Seite und verwandelt sich in eine dunkle, unappetitliche Masse.

Extra Tipp

Wenn Sie keinen Campingkocher auf Ihre Pilztour mitnehmen wollen, essen Sie Ihre leicht verderblichen Schopftintlinge doch daheim als schnelle Vorspeise: halbiert, gewürzt und angebraten sind sie schnell, ein Stück Weißbrot dazu, fertig!

Pilze bestimmen und sammeln

Zweifellos bestimmen

Ob der Schmetterling vor Ihnen nun Kleiner oder Großer Fuchs heißt, ist interessant, aber nicht lebenswichtig. Bei Pilzen ist das anders. Wenn Sie sich jedoch an die Grundregeln der Bestimmung halten, sind Sie auf der sicheren Seite.

Drei goldene Regeln

1. Bestimmen Sie jeden einzelnen Pilz sehr genau, der in Ihren Korb wandert. Giftige und essbare Pilze können manchmal bunt durcheinander wachsen und sich dabei recht ähnlich sehen.
2. Pilze lassen sich durch den Vergleich mit einem Foto und der dazugehörigen Beschreibung bestimmen. Lesen Sie **die gesamte Beschreibung** aufmerksam durch und vergleichen Sie jedes Merkmal mit ihrem Fundstück. Dazu gehören auch der Fundort, der Geruch und der Geschmack. Schließen Sie dabei auch giftige Verwechslungsarten aus. Und Bitte: Verlassen Sie sich nicht auf Bestimmungsapps.
3. Wenn Sie sich nicht voll und ganz sicher sind, lassen Sie den Pilz stehen oder fragen Sie jemanden, der sich mit Pilzen gut auskennt! Gehen Sie auf keinen Fall ein Risiko ein.

Auf den ersten Blick

Der erste Blick auf den Pilz gilt seiner äußeren **Form**. Neben den allseits bekannten Hutpilzen, die in Hut und Stiel gegliedert sind, gibt es verästelte, rundliche oder hirnartige Formen. Andere wiederum erinnern an Schüsseln oder Becher, Keulen oder Trichter. Die anfangs verwirrende Vielgestaltigkeit der Pilze lässt sich in einige überschaubare Grundformen zusammenfassen: Einerseits gibt es die eben erwähnten Hutpilze; dazu gehören Pilze mit Röhren, mit Lamellen oder Leisten oder mit Stacheln. Neben ihnen gibt es Bauchpilze, Strauchpilze und Becherlinge sowie Morcheln und Lorcheln.

Die **Farbe** des Hutes ist ebenfalls ein wichtiges Erkennungsmerkmal. Bei ein und derselben Art kann sie aber mehr oder weniger stark variieren: Ein nasser Pilz wirkt dunkler. Bei jungen Pilzen oder Formen, die im Schatten wachsen, kann dies ebenfalls möglich sein. Starke Trockenheit, viel Sonne oder fortgeschrittenes Alter lassen viele Pilzhüte verblassen.

Pilze näher betrachtet

Die äußere Form und Farbe des Pilzes genügen aber keinesfalls, um einen Pilz sicher zu bestimmen. Mit entscheidend sind:

- **Aussehen und Beschaffenheit der Hutober- und Hutunterseite,**
- **Stielform und seine Oberfläche**,
- Kennzeichen am Stiel wie **Knollen, Manschetten und Ringe** und die
- **Merkmale des Fleisches** (also das Gewebe unterhalb der Oberfläche, das man beim Durchschneiden sieht).

Für die Beschreibung dieser charakteristischen Merkmale werden in den Pilzbüchern Bezeichnungen verwendet, die leicht verständlich und eindeutig sind. In der folgenden Übersicht finden Sie die nötigen Begriffe, um die Beschreibungen zu verstehen.

Schauen Sie sich den Pilz haargenau an, bevor er in Ihren Korb wandert.

Oft sind die Kennzeichen der **Lamellen** ein wichtiges Bestimmungsmerkmal. Zu beachten sind dabei die Lamellenfarbe (die bei jungen und älteren Pilzen oft unterschiedlich sein kann), Abstand, Dicke und Breite der Lamellen und ihre Form an der Ansatzstelle am Stiel.

Ähnlich wie die Lamellen werden auch die **Röhren**, manchmal auch Schwamm oder Futter genannt,

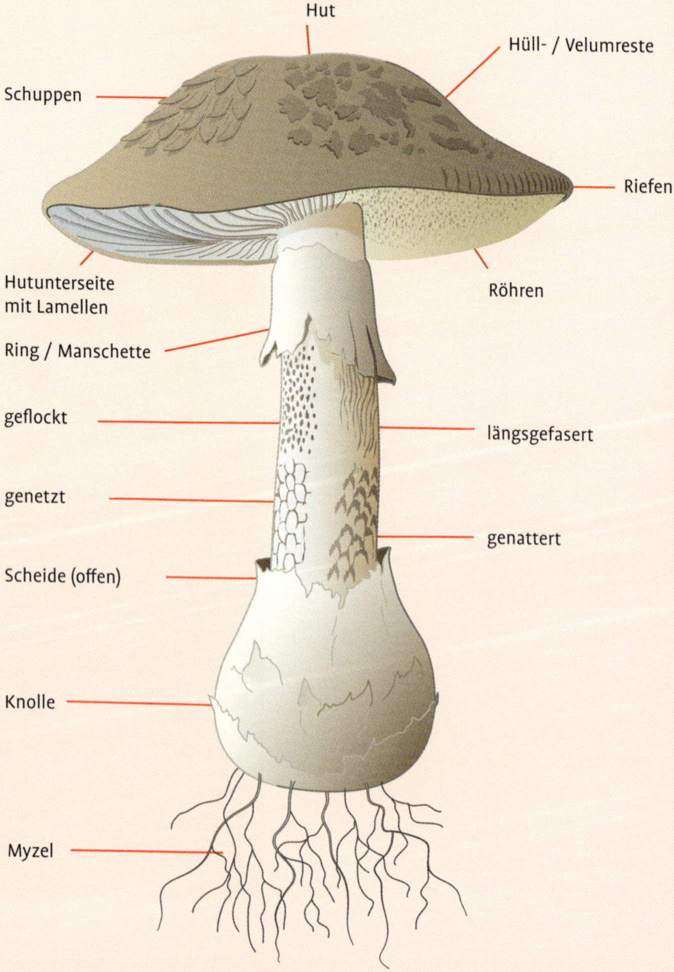

näher beschrieben. Sie können am Stiel etwas herablaufen, angewachsen oder frei sein.

Ebenfalls wichtige Kennzeichen liefern die Form (eckig – rund) und Weite (eng – weit) sowie die Farbe der **Poren** (das sind die „Ausgänge" der Röhren) und ihre Verfärbung bei Druck. Einige Pilze haben beispielsweise blauende Poren, das heißt, sie verfärben sich blau, wenn man sie mit dem Finger andrückt.

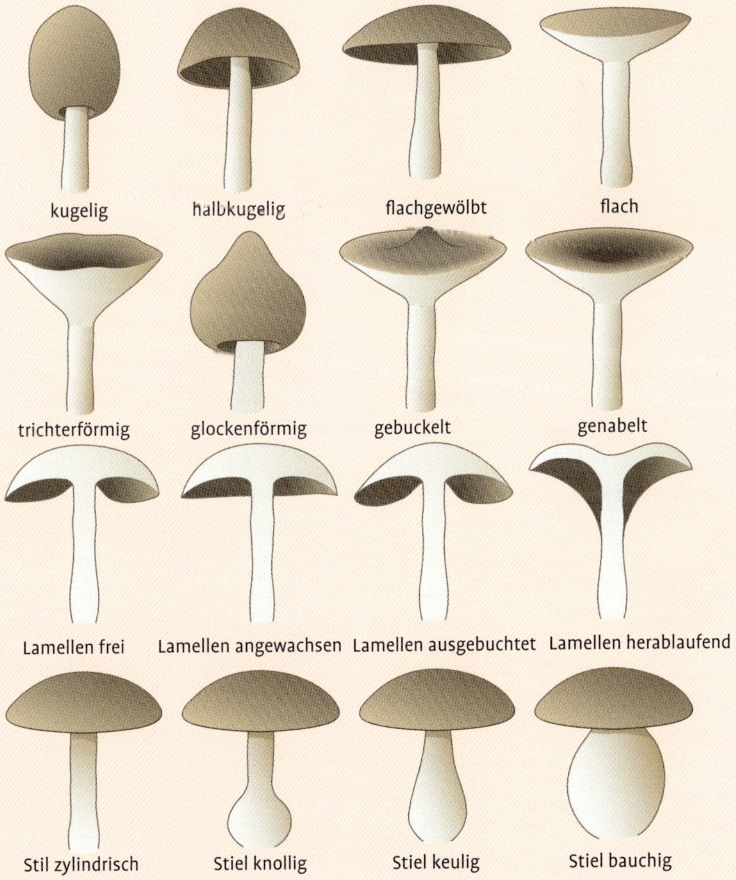

Alle Merkmale sind wichtig: der Grüne Knollenblätterpilz schmeckt gut, ist aber tödlich giftig.

Der **Stiel** kann unterschiedlich geformt sein: schlank, dick, bauchig, knollig verdickt oder mit einer offenen Scheide ausgestattet. Er kann beringt oder unberingt, glatt oder faserig sein. Bei der Pilzbestimmung kommen aber nicht nur Seh- und Tastsinn zum Einsatz. Pilze unterscheiden sich auch in ihrem **Geruch**. Sie können so unterschiedliche Aromen haben, dass man meinen sollte, es gibt im gesamten Pilzreich keinen Geruch, den es nicht gibt: Rettich, Knoblauch, Anis, Früchte, Aas, Scheunenstaub, Leder oder Zedernholz sind nur einige Beispiele.

Unumstritten ist die Tatsache, dass Pilze einen sehr unterschiedlichen **Geschmack** haben. Aber dies gilt nicht nur für zubereitete, sondern auch für rohe Pilze. Den oft arttypischen Geschmack macht man sich bei der Bestimmung zunutze. Dabei sei bemerkt, dass Sie zwar jeden Pilz vorsichtig kosten können, Sie müssen allerdings darauf achten, dass Sie alles wieder ausspucken, auch das kleinste Stückchen! Die sicherste Methode ist, nur die Zunge an den Pilz zu halten und gar nichts in den Mund zu nehmen. Bitte achten Sie auch darauf, dass Sie diese Kostprobe nicht vor Kindern durchführen! Das könnte zu Missverständnissen führen.
Pilze können bitter, scharf und unangenehm oder gar widerlich schmecken. Aber es wäre ein gefährlicher Irrtum zu meinen, alle angenehm und mild schmecken-

den Pilze wären genießbar. Der tödlich giftige Grüne Knollenblätterpilz zum Beispiel hat einen angenehm nussigen Geschmack!
Noch ein Merkmal müssen Sie beachten, dann haben Sie es geschafft: Den **Fundort**. Jede Pilzart hat eigene Ansprüche an ihre Umgebung, also kann im Umkehrschluss ihr Standort (unter einem bestimmten Baum, auf der Wiese, auf Rinde usw.) ein weiteres Puzzlestück bei der Bestimmung sein.

Der richtige Umgang

Um einer Pilzvergiftung vorzubeugen, ist es nicht nur wichtig, ausschließlich essbare Pilze zu sammeln, sondern sie auch richtig zu behandeln. Halten Sie sich dabei immer vor Augen, dass Pilze – wie Fisch oder Fleisch – leicht verderbliche und schwer verdauliche Lebensmittel sind, dann können Sie nicht mehr viel falsch machen. Denken Sie also daran, nicht zu alte Pilze zu sammeln, sie in einem luftigen Behältnis wenn möglich im Kühlen aufzubewahren und sie so bald wie möglich zu verarbeiten. Da Pilze schwer verdaulich sind, sollten Sie sie nicht zu oft und keine übermäßigen Mengen davon zu sich nehmen. Achten Sie außerdem darauf, dass einige Menschen auf bestimmte Arten allergisch reagieren können oder Pilze gar nicht vertragen.

Auf Nummer sicher ...

... gehen Sie garantiert, wenn Sie sich nach Ihrer Sammeltour bei einem ehrenamtlichen Pilzberater absichern. Auch in Ihrer Nähe gibt es einen dieser geprüften Sachverständigen, der darauf spezialisiert ist, Ihnen bei Fragen der Bestimmung zu helfen (Seite 449). Sie werden sehen, nach und nach werden Sie selbst beim Bestimmen immer sicherer.

Pilze richtig sammeln

Nun haben Sie ihren Pilz sicher bestimmt und als essbar identifiziert. Jetzt wollen Sie ernten und auch hier – Ihrer Gesundheit und der Natur zuliebe – alles richtig machen. Ein paar Vorüberlegungen, und schon kann es losgehen.

Richtig gerüstet

Wie bereits erwähnt, brauchen Sie das richtige Sammelgefäß für Ihre Ernte. Zur Erinnerung: es soll luftdurchlässig sein, damit die Pilze nicht vorzeitig verderben. Auch ein kleines Messer darf nicht fehlen.

Welcher Pilz kommt in den Korb?

- Sammeln Sie grundsätzlich nur Pilze, die Sie sicher als essbar erkennen. Unbekannte, ungenießbare oder giftige Arten lassen Sie stehen. Auf keinen Fall sollten Sie unbrauchbare Pilze umtreten oder vernichten, denn für unsere Umwelt sind sie genauso wichtig wie Speisepilze. Außerdem könnte es sich um eine der geschützten Arten handeln; diese müssen in jedem Fall, auch wenn sie essbar sind, geschont werden.
- Sammeln Sie keine Pilze, die bereits ausgerissen oder abgeschnitten sind. Sie wissen nie, wie lange sie dort schon liegen und was mit ihnen geschehen ist.
- Nehmen Sie nur Pilze im richtigen Alter, die also der Beschreibung im Buch entsprechen. Bei sehr kleinen Jungpilzen ist die Verwechslungsgefahr zu groß. Vorsicht auch bei älteren Pilzen: Die Gefahr einer Lebensmittelvergiftung ist hier sehr groß, da sie schon verdorben sein können.
- Sammeln Sie nur Pilze, die nicht zu sehr von Maden oder Schnecken befallen oder sogar faulig sind.

Pilz abschneiden, auf Maden untersuchen, grob putzen und ab damit in den Korb.

Wie ernte ich?

1. Drehen Sie auf dem Boden wachsende Arten vorsichtig heraus oder schneiden Sie Ihren sicher erkannten Pilz unten ab (sofern die Stiele verwendbar sind) und decken Sie die Stelle mit Bodenmaterial zu. Auf Holz wachsende Pilze können Sie ohne Stiele ernten, da diese oft holzig sind.
2. Überprüfen Sie Ihre Schätze an Ort und Stelle auf Maden. Schneiden Sie dazu größere Pilze längs durch. Ist der Pilz nur stellenweise madig, schneiden Sie ihn großzügig aus.
3. Putzen Sie die Pilze sofort, bevor Sie sie in den Korb legen. So bleiben Lamellen oder Röhren gleich vom Schmutz verschont und Sie haben zu Hause weniger Aufwand. Streifen Sie Erde und Waldstreu ab und ziehen Sie bei klebrigen und schleimigen Hüten die Huthaut im Ganzen ab. Zu Hause angekommen geht es an die Feinarbeit (Seite 426).
4. Legen Sie immer die schwereren Pilze unten in den Korb. So werden empfindliche oder spröde Arten nicht zerdrückt. Lamellen oder Röhren sollen stets nach unten zeigen, so können sie nicht verschmutzen.

Das Who-is-who der Besten

Steinpilz

Fichtensteinpilz, Sommersteinpilz, Kiefernsteinpilz

Sammelzeit: Von August bis Oktober, den Sommersteinpilz kann man schon im Mai oder Juni finden.

Lieblingsort: In Nadel- und in Laubwäldern. Der Sommersteinpilz wächst gerne unter Buchen und Eichen, der Kiefernsteinpilz meist unter Kiefern, der Fichtensteinpilz bei Fichten.

Kennzeichen: **Hut** bis 25 cm breit, gewölbt, polsterförmig, hell- bis dunkelbraun, glatt bis etwas schmierig oder feinsamtig (Sommersteinpilz). **Stiel** 8–15 cm lang, 3–8 cm dick, meist keulig bis dickbauchig, fein bis grob weiß oder braun genetzt. **Röhren** und **Poren** jung weißlich, später gelblich, im Alter olivgrün. **Fleisch** jung fest und kernig, weiß. Verfärbt sich beim Anschneiden nicht. **Geschmack** nussartig aromatisch.

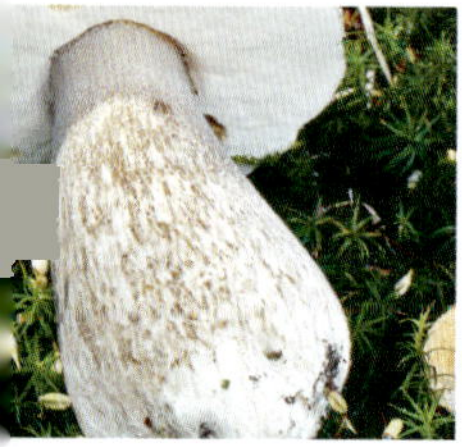

Weißes Stielnetz

Schmeckt ... sehr lecker in allen Variationen der Pilzküche. Steinpilze kann man sogar roh genießen.

Aufgepasst!

Gallenröhrling

Steinpilze werden häufig mit dem ungenießbaren **Gallenröhrling** verwechselt. Dieser hat einen matten, olivbräunlichen Hut, jung weißliche, später schmutzig rosafarbene Poren und Röhren. Auch das olivbraune Stielnetz unterscheidet ihn von Steinpilzen. Ein weiteres Unterscheidungsmerkmal zeigt die Geschmacksprobe, er schmeckt – wie der Name schon sagt – gallebitter. Sie werden sofort verstehen, warum ein einziges Exemplar ein ganzes Pilzgericht ruinieren kann. Es gibt aber auch Gallenröhrlinge, die nur schwach bitter schmecken.

Extra Tipp

Glücklicherweise wachsen Steinpilze immer an ihren angestammten Stellen: Standorttreu nennt man das – ein Wort, das des Pilzsammlers Herz höher schlagen lässt. Haben Sie also eine Steinpilz-Stelle ausfindig gemacht, sollten Sie sich den genauen Ort merken und diesen regelmäßig besuchen.

Flockenstieliger Hexenröhrling

Schusterpilz

Sammelzeit: Von Juni bis Oktober, manchmal findet man ihn auch schon im Mai.

Lieblingsort: Laubwald, seltener Nadelwald, auf sauren Böden.

Kennzeichen: **Hut** 10–20 cm, dick, dunkelbraun und feinsamtig, trocken. **Stiel** 8–14 cm, keulig, rötlich gelb mit feinen roten Schüppchen (Nehmen Sie ihn unter die Lupe!). **Röhren** gelb mit roten Poren, bei Druck verfärben diese sich blau. **Fleisch** dick, fest und gelb, läuft an Schnittstellen sofort blau an. **Geschmack** mild.

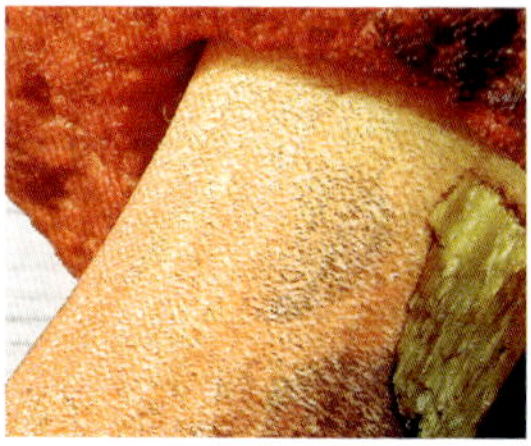

Rote Schüppchen am Stiel

Schmeckt ... lecker in allen Pilzgerichten und ist auch zum Trocknen gut geeignet.

Satanspilz

Schönfußröhrling

Aufgepasst!

Sein oft unverträglicher Doppelgänger ist der **Netzstielige Hexenröhrling**, der eher im Laubwald auf kalkhaltigen Böden wächst und einen rot genetzten Stiel hat. Außerdem könnte man ihn mit dem ebenfalls rotporigen, **giftigen** ☠ **Satanspilz** verwechseln, dessen Hut aber grauweiß ist und dessen Fleisch etwas unangenehm riecht. Auf Nummer sicher gehen Sie, wenn Sie auch den bitter schmeckenden **Schönfußröhrling** ausschließen können. Seine Poren sind immer gelb und sein Stiel ist von einem erhabenen, hellen Netz überzogen.

Extra Tipp

Der Flockenstielige Hexenröhrling hat einen ziemlich abstoßenden Namen, dazu noch knallrote Poren und erschreckend blauendes Fleisch. Zugegeben – das alles ist nicht besonders einladend. Somit ist er aber das beste Beispiel dafür, dass Namen und Warnfarben im Pilzreich kein Hinweis auf den Speisewert sein müssen!

Maronenröhrling

Marone, Braunkappe

Sammelzeit: Von Juli bis zum ersten starken Frost im November/Dezember.

Lieblingsort: Nadelwälder, vor allem moosige Fichtenwälder oder ältere Kiefernwälder.

Kennzeichen: **Hut** bis 12 cm, ziemlich dick, kastanienbraun, wie der Name schon sagt. Jung feinsamtig, später glatt und manchmal etwas schmierig. **Stiel** 6–10 cm lang, bis 2 cm dick, gelbbraun, fein gestreift. **Röhren** hellgelb, später gelbgrün, bei Druck verfärben sie sich blaugrün. **Poren** gleichfarben, jung fein, später mittelweit. **Fleisch** blassgelb, jung fest, läuft beim Anschneiden blau an.

Blauende Röhren

Schmeckt … ähnlich fein wie der Steinpilz und lässt sich auch vielseitig verwenden, nur nicht im rohen Zustand.

Aufgepasst!

Gallenröhrling

Der Maronenröhrling kann mit anderen braunen Röhrlingen verwechselt werden. Bei **Steinpilz**, **Ziegenlippe** und **Rotfußröhrling** ist das nicht weiter schlimm, unangenehm wird es aber beim ungenießbaren **Gallenröhrling** (Seite 364). Dessen Stiel ist allerdings oliv genetzt und außerdem schmeckt er eindeutig bitter. Maronen sollten wegen radioaktiver Belastung nicht in Massen verspeist werden (siehe Extra Tipp).

Extra Tipp

Der Maronenröhrling kann immer wieder in Massen auftreten. Da füllen sich die Körbe im Nu! Aber Vorsicht: Maronen haben die Eigenschaft, radioaktive Substanzen anzureichern. Deshalb sollte man nicht gerade jede Woche ein reines Maronengericht zubereiten, sondern die reiche Ernte lieber einfrieren und mit anderen Pilzen mischen.

Rotfußröhrling Rotfüßchen

Sammelzeit: Von Juni bis in den November hinein.

Lieblingsort: Nadel- und Laubwälder.

Kennzeichen: **Hut** bis 10 cm, jung halbkugelig, später flacher, Huthaut matt, trocken, später meist rissig, gelblich braun oder grünlich braun. **Stiel** bis 8 cm lang, zylindrisch, oft krumm gewachsen, Stielspitze gelb, zur Basis immer kräftiger rot durch feine Flocken. **Röhren** und **Poren** gelb, später grünlich gelb, bei Druck verfärben sie sich schwach bläulich. **Fleisch** hellgelb, direkt unter der Huthaut rötlich (rötliche Risse in der Huthaut). **Geschmack** leicht säuerlich.

Rötliche Risse

Schmeckt … vor allem lecker in Mischgerichten oder Suppen. Ältere Exemplare sind eher schwammig und verderben schnell, sie sollten daher am besten gar nicht oder am gleichen Tag verwendet werden. Jüngere Pilze sind fester und lassen sich auch gut trocknen oder einfrieren.

Aufgepasst!

Der Rotfußröhrling kann mit der ebenfalls essbaren **Ziegenlippe** (Seite 372) verwechselt werden. Sie hat ähnliche Kennzeichen, Lieblingsorte und wächst zur gleichen Jahreszeit. Einen giftigen Doppelgänger, der genauso rot, genauso rissig und genauso schlank ist, hat das Rotfüßchen aber nicht.

Ziegenlippe

Extra Tipp

Der Rotfußröhrling ist leicht zu bestimmen und tritt manchmal massenhaft auf. Diese Kombination von guten Eigenschaften lieben Pilzsammler. Sie sollten aber bei jedem einzelnen Exemplar darauf achten, dass sich keine tierischen Bewohner darin finden, denen schmeckt der Pilz nämlich ebenso.

Ziegenlippe

Sammelzeit: Von Juni bis Oktober.

Lieblingsort: In Wäldern unter Nadel- oder Laubbäumen.

Stiel und Poren gelb

Kennzeichen: **Hut** 5–10 cm, gelblich braun oder olivbraun, gewölbt, feinfilzig und matt. **Stiel** bis 10 cm lang, unten meist dicker als oben, gelblich mit rotbraunen Schüppchen, die eine linienartige Struktur ergeben können. **Röhren** und **Poren** erst kräftig gelb, später werden sie grünlich und verfärben sich bei Druck bläulich, Poren unregelmäßig. **Fleisch** im Alter recht weich. **Geschmack** mild.

Schmeckt … vor allem in Mischgerichten, sollte aber nur jung verwendet werden. Auch sollte man sie schnell verarbeiten, weil sie bei warmen Temperaturen rasch verdirbt.

Aufgepasst!

Rotfußröhrling

Obwohl sich die Ziegenlippe in ihrer Erscheinungsform sehr variabel zeigt, ist das Verwechslungsrisiko mit Giftpilzen gering. Sie kann mit dem essbaren **Maronenröhrling** (Seite 368) verwechselt werden. Dieser ist aber dunkler gefärbt, hat festeres Fleisch und nicht diese typische feinfilzige Huthaut. Auf den ersten Blick unterscheidet die Ziegenlippe sich wenig vom essbaren **Rotfußröhrling** (Seite 370).

Extra Tipp

Die Ziegenlippe wächst vor allem in Wäldern. Es kommt aber auch vor, dass man sie in Parks und Gärten antrifft. Also: Denken Sie beim nächsten Spaziergang im Sommer oder Herbst daran, die Augen offen zu halten.

Sandröhrling Sandpilz

Sammelzeit: Von Juli bis Oktober oder November.

Lieblingsort: Unter Kiefern auf sandigen und moorigen Böden, gerne in Heiden.

Kennzeichen: **Hut** 6–12 cm, flach gewölbt, sand- bis semmelfarben, rau-filzig, feucht nur wenig schmierig-klebrig, Huthaut kaum abziehbar. **Stiel** 5–8 cm lang, ockerfarben, glatt. **Röhren** jung graubräunlich, später grünlich braun. Poren jung fein, gelblich, älter olivgrün. **Fleisch** wenig fest, gelblich, verfärbt sich beim Anschneiden blassbläulich. **Geschmack** und Geruch säuerlich.

Glatter Stiel

Schmeckt ... recht mild und eignet sich daher vor allem für Mischgerichte. Jung kann man ihn auch gut trocknen oder einfrieren. Wenn Sie ihn trocknen und mit dem Einweichwasser verwenden, wird sein Aroma stärker.

Aufgepasst!

Kuhröhrling

Spätestens beim Anbraten merkt man, ob man ihn mit dem ebenfalls essbaren **Kuhröhrling** verwechselt hat, denn dann verfärbt dieser sich eigenartig pink-violett und wird schleimig. Einen giftigen Doppelgänger hat der Sandröhrling erfreulicherweise nicht. Das macht in bei unerfahrenen Pilzsammlern recht beliebt.

Extra Tipp

Da der Sandröhrling oft in Gruppen auftritt, lohnt es sich, ihn trotz seines wenig ausgeprägten Geschmacks zu sammeln. Als Pilz für Mischgerichte ist er durchaus brauchbar. Wer im Sommer oder Herbst in Nordeuropa unterwegs ist (hier sind moorige Böden und Kiefernwälder keine Seltenheit), sollte daher auf jeden Fall die Augen offen halten!

Goldgelber Lärchenröhrling

Goldröhrling, Schöner Röhrling

Sammelzeit: Von Juni bis Oktober.

Lieblingsort: Unter Lärchen, besonders an Wald- und Wegrändern oder Schneisen im Bergland, auf Moos.

Kennzeichen: **Hut** 5–10 cm, orangebraun bis goldgelb, mit schleimiger, abziehbarer Haut, später trocken glänzend. **Stiel** 5–8 cm lang, schlank, goldgelb, mit weißlichem, häutigem Ring. **Röhren** und **Poren** gelb und eng, später bräunlich. **Fleisch** sehr weich, gelblich. **Geschmack** säuerlich, Geruch schwach fruchtig.

Stiel mit häutigem Ring

Schmeckt ... jung und fest vor allem in Mischpilzgerichten und eignet sich auch zum Trocknen. Ältere Pilze sind oft sehr schwammig weich.

Aufgepasst!

Ähnlich ist der essbare **Schmerling** oder **Körnchenröhrling**, dieser hat aber keinen häutigen Ring am Stiel, dafür in seiner Jugend am oberen Teil milchige Tröpfchen, im Alter bräunliche Pünktchen. Er wächst vor allem unter Kiefern und auf kalkigen Böden (also vor allem in den Kalkalpen und auf der Schwäbischen und Fränkischen Alb).

Körnchenröhrling

Achten Sie beim Ernten darauf, dass Sie Goldröhrlinge im Korb nicht aufeinander legen und auch vermeiden, die Waldstreu mit in den Korb zu bringen: die klebrigen Hüte ziehen alles an wie ein Magnet. Sind die Pilze sehr stark verschmutzt, können Sie die Huthaut auch an Ort und Stelle abziehen.

Birkenpilz

Birkenröhrling, Kapuziner

Sammelzeit: Schon ab Juni bis Oktober.

Lieblingsort: Bei Birken, an eher trockenen Stellen.

Kennzeichen: **Hut** 6–14 cm, dunkel- bis graubraun, alt meist klebrig. **Stiel** 10–15 cm lang, schlank, mit dunklen Schüppchen auf hellem Grund, fest. **Röhren** und **Poren** jung weißlich, bald grau, verfärben sich auf Druck braun, schwammig weich, Röhrenschicht relativ dick. **Fleisch** wird schnell weich und schwammig, jung ist es weiß, später gräulich. **Geschmack** mild.

Dunkle Stielschuppen

Schmeckt ... gut in Einzel- oder Mischgerichten, Suppen oder auch als Bratlinge. Weil das Fleisch schnell schwammig wird, ist der Birkenpilz nur jung gut zu verwerten. Die Stiele sind eher zäh, daher sollten Sie auch diese lieber nur jung verwenden.

Aufgepasst!

Hängebirken-Blatt

Die genaue Bestimmung von Birkenpilzen ist nicht immer ganz einfach. Allerdings ist eine Verwechslung höchstens mit anderen essbaren Verwandten möglich, wenn man den Standort und die Stielschuppen beachtet. Farbunterschiede der Stielbasis und die Verfärbung des Fleisches sind Unterscheidungsmerkmale der verschiedenen Birkenpilze.

Extra Tipp

In manchen Landstrichen sind Birken gar nicht häufig. Man kann sich aber merken, dass sie an besonders nassen oder trockenen Stellen wie in Mooren oder Heidelandschaften vorkommen. Abgesehen davon sind sie in Gärten und Parks angepflanzt, auch da könnten Sie fündig werden.

Espenrotkappe

Rothäubchen, Rotkäppchen

Sammelzeit: Von Juli bis Oktober.

Lieblingsort: Bei Zitterpappeln (= Espen), gern an Stellen mit Moos, Farnen oder Gras.

Kennzeichen: **Hut** 8–15 cm, im Extremfall bis 22 cm, dick, gelblich rot bis orangerot, geht oft auch ins Bräunliche, trocken matt, mit überhängender Huthaut. **Stiel** 10–20 cm lang, kräftig, fest, jung weiß, im Alter mit feinen rötlichen Schuppen. **Röhren** grau oder weißlich. **Poren** gleichfarbig, fein. **Fleisch** fest, weißlich, läuft langsam rötlichschwarz an und verfärbt sich beim Kochen dunkler. **Geschmack** sehr mild.

Rötliche Stielschuppen

Schmeckt … sehr gut in allen erdenkbaren Pilzgerichten. Weil das Fleisch auch bei älteren Exemplaren schön fest ist, können Sie Rotkappen mühelos in feine Scheiben schneiden und so gut trocknen. Bei älteren Rotkappen sollten Sie aber die Röhren vor dem Schneiden entfernen und nicht verwerten.

Aufgepasst!

Espen-Blatt

Wenn man auf den Standort achtet und durch die Kombination von Hutfarbe und rötlichen Stielschuppen ist eine Verwechslung kaum möglich. Es gibt aber noch weitere essbare Rotkappen, so beispielsweise die **Birken**- oder die **Eichenrotkappe**, die alle, wie ihr Name schon sagt, spezifische Standortansprüche haben. Manche davon sind eher selten zu finden und daher schützenswert.

Extra Tipp

Rotkappen stehen gerne gesellig, das heißt wer erst einmal eine gefunden hat, ist ein echter Glückspilz. Er wird bald noch mehrere entdecken und am Abend sicherlich nicht hungrig bleiben. Weil die Rotkappe darüber hinaus so vielseitig verwendbar ist, ist sie sehr beliebt.

Austernseitling Kalbfleischpilz

Sammelzeit: Von November bis März.

Lieblingsort: An (nicht unter!) lebenden und toten Laubbäumen, seltener an Fichten.

Kennzeichen: **Hut** 5–20 cm, weißbeige über grau, graulila, stahlgrau bis braun-blauschwärzlich, glänzend, glatt, selten faserig-trocken.
Stiel nur bis 4 cm lang, oft fehlt er ganz und gar, setzt nicht in der Mitte des Hutes an, sondern seitlich (Name!), weiß.
Lamellen weiß bis cremefarben, leicht am Stiel herablaufend. **Fleisch** dick, fest und weiß. **Geschmack** mild, Geruch jung sehr angenehm, älter leicht fischig.

Leicht herablaufende Lamellen

Schmeckt ... lecker in verschiedenen Variationen und ist vielseitig verwendbar. Als vollwertiger Kalbfleischersatz (darauf deutet sein zweiter Name) kann er allerdings nicht verwendet werden.

Aufgepasst!

Gelbstieliger Muschelseitling

Andere Seitlinge können dem Austernseitling zum Verwechseln ähnlich sehen, diese sind aber glücklicherweise auch essbar. Als lediglich minderwertig gilt der **Gelbstielige Muschelseitling**. Wie der Name schon sagt, hat dieser einen gelbflockigen Stiel.

Extra Tipp

Wenn es draußen kalt und ungemütlich wird, fühlt sich der Austernseitling erst richtig wohl und fängt an zu wachsen. Sie finden ihn deshalb nicht selten an schneebedeckten Bäumen oder Baumstümpfen. Packen Sie sich also bei Ihrem nächsten Winterspaziergang gut ein und lassen Sie den Blick öfter mal nach oben schweifen!

Pfifferling

Echter Pfifferling, Eierschwamm

Sammelzeit: Von Juni bis Oktober.

Lieblingsort: In Wäldern, besonders in Kiefernforsten, im Moos oder bei Heidelbeeren.

Kennzeichen: **Hut** bis 6 cm, jung halbkugelig, später trichterförmig, Rand wellig, stroh- bis dottergelb, glatt und trocken. **Stiel** gleichfarbig, 1–6 cm lang, oben verdickt. Aderige **Leisten** statt der feinen Lamellen, dicklich, gegabelt, weit am Stiel herablaufend. **Fleisch** blassgelb, nicht biegsam. **Geschmack** leicht pfefferig, riecht nach Aprikosen.

Herablaufende Leisten

Schmeckt … würzig und sehr fein in allen Variationen, besonders zu Wild oder als reines Pfifferlingsgericht zu Spätzle oder Semmelklößen. Praktisch ist, dass er sich roh im Kühlschrank einige Tage hält. Nicht zum Trocknen geeignet, da er dabei bitter wird.

Aufgepasst!

Falscher Pfifferling

Sein Doppelgänger, der dünnfleischige **Falsche Pfifferling**, gilt als **leicht giftig**. Im Gegensatz zum Echten Pfifferling hat er feine, gegabelte Lamellen und biegsames Fleisch. Andere, nicht ganz so ähnliche Verwandte sind ebenfalls essbar.

Extra Tipp

Der Pfifferling wird als Marktpilz gehandelt, aber mit etwas Glück ist er leicht selber zu finden. Winzig kleine Exemplare sollten Sie allerdings nicht sammeln, das grenzt an Sisyphos-Arbeit. So lecker und vielseitig diese goldigen Pilze sind, Sie werden mehr davon haben, wenn Sie sie noch ein wenig wachsen lassen.

Trompetenpfifferling

Herbstpfifferling

Sammelzeit: Von August bis Oktober. In Wäldern mit Heidelbeeren und Maronenröhrlingen können Sie auch im November und Dezember einen vollen Korb mit nach Hause nehmen.

Lieblingsort: Vor allem feuchte Nadelwälder in hügeliger bis bergiger Lage, aber auch in Laubwäldern.

Kennzeichen: **Hut** bis 6 cm breit, jung gewölbt, älter trichterförmig, gräulich gelb oder bräunlich gelb. **Stiel** 1–8 cm lang, meistens kräftig gelb, unregelmäßig zylindrisch. **Leisten** gegabelt, grober, unregelmäßiger und weiter auseinander stehend als beim Echten Pfifferling, am Stiel herablaufend, gelblich grau bis orange. **Fleisch** weißlich oder graugelb, im Alter grau, am Rand brüchig. **Geschmack** mild, riecht kaum.

Grobe Leisten

Schmeckt ... in Einzel- oder Mischgerichten. Im Gegensatz zum Echten Pfifferling eignet er sich gut zum Trocknen.

Aufgepasst!

Starkriechender Leistling

Der Trompetenpfifferling hat keine giftigen Verwandten. Ziemlich ähnlich ist der essbare **Starkriechende Leistling**. Er hat keine ausgeprägten Leisten, sondern nur Adern. Außerdem riecht er fruchtig nach Aprikose. Da er die gleichen Lieblingsorte hat, wächst er oft in direkter Nachbarschaft zum Trompetenpfifferling.

Extra Tipp

Ein Trompetenpfifferling kommt selten allein. In manchen Jahren tritt er sogar massenhaft auf und wächst stellenweise richtig büschelig. So können Sie sich die größten und schönsten Exemplare für Ihr Abendessen herauspicken.

Herbsttrompete

Totentrompete, Füllhorn

Sammelzeit: Von August bis November.

Lieblingsort: Laubwälder, unter Buchen, Eichen und Hainbuchen.

Kennzeichen: Nicht in Hut und Stiel gegliedert. **Fruchtkörper** 6–12 cm hoch, keulig-röhrig, oben trichterförmig erweitert, mit trompetenförmiger Öffnung, wellig, grau-braun bis schwärzlich braun, Oberseite feinschuppig, Unterseite zartrunzelig. **Fleisch** sehr dünn, jung weich, alt zäh. Geschmack mild, riecht schwach würzig.

Schmeckt ... gut als Würz- oder Suppenpilz und ist einzeln oder in Mischgerichten verwendbar. Die Farbe sieht vielleicht auf den ersten Blick nicht einladend aus, kann aber beispielsweise auf heller Pasta mit roten Tomaten und grünen Kräutern wirkungsvoll eingesetzt werden.

Aufgepasst!

Grauer Leistling

Verwechslungsmöglichkeiten bestehen mit einigen verwandten Arten. Giftpilze sind darunter nicht bekannt. Der ähnlich gefärbte **Graue Leistling** ist auch essbar. Eher heller, kleiner und vollfleischiger ist die essbare **Krause Kraterelle**. Beide sind selten und geschützt.

Extra Tipp

Nicht erschrecken!
Oft wird man durch kleine Käfer oder andere Kleintiere überrascht, die sich in der Herbsttrompete verstecken. Entfernen Sie am besten gleich, was eher in den Wald als in den Kochtopf gehört.

Semmelstoppelpilz Stoppelpilz

Sammelzeit: Von Juli bis November.

Lieblingsort: Laub- und Nadelwälder, gern in Hexenringen oder Gruppen.

Kennzeichen: **Hut** bis 12 cm breit, ungleichmäßig gestaltet, Rand anfangs eingerollt, später flach ausgebreitet bis trichterförmig, weißlich gelb bis ockerfarbig oder orangerötlich, kann stark röten oder ausblassen, glatt, feinsamtig, zerbrechlich. **Stiel** meist blasser gefärbt mit zart bräunlichen Stellen, ziemlich kurz, 3–6 cm lang, oft verbogen, nicht hohl. **Stacheln** oder Stoppeln statt Röhren, diese sind gelblich oder weißlich, ungleich lang, spitz, zerbrechlich, gedrängt stehend.
Fleisch weißlich oder gelblich weiß, eher brüchig.
Geschmack mild, aber auch etwas schärflich, bitter, riecht angenehm pilzig.

Schmeckt … jung vorzüglich und ist vielseitig verwendbar. Da er recht festes Fleisch hat, eignet er sich gut zum Einlegen.

Junger Semmelstoppelpilz

Aufgepasst!

Seine Verwechslungsarten **Rotgelber** und **Weißer Stoppelpilz** sind auch essbar und stellen an sich kein Risiko für den Pilzsammler dar. Bei allen dreien sollten Sie aber ältere Exemplare meiden, sie schmecken bitter und sind unbekömmlich.

Extra Tipp

Wenn man von jungen Semmelstoppelpilzen nur die gelben Hütchen von Weitem aus dem Unterholz blitzen sieht, könnte man meinen, man sei auf Pfifferlinge gestoßen. Spätestens der Blick unter den Hut verrät dann aber die wahre Identität.

Habichtspilz

Rehpilz

Sammelzeit: Von August bis November.

Lieblingsort: Bei Nadelbäumen, vor allem in bergigeren Gefilden, gern gesellig in Hexenringen.

Kennzeichen: **Hut** bis 20 cm breit, bräunlich bis dunkelbraun, flach ausgebreitet, mittig oft vertieft, mit hell- bis dunkelbraunen, konzentrisch angeordneten, dicken Schuppen. **Stiel** gräulich oder bräunlich, dick und kurz, derb, kompakt. **Stacheln** oder Stoppeln statt Röhren, erst weißlich, dann graubräunlich, dicht gedrängt, zerbrechlich. **Fleisch** weißlich, dann graubräunlich, fest und derb. **Geschmack** angenehm kräftig, riecht würzig.

Stacheln

Schmeckt ... jung würzig-lecker, verleiht getrocknet und zu Pilzpulver vermahlen vielen Gerichten die besondere Note. Wie beim Semmelstoppelpilz schmecken ältere Exemplare bitter.

Aufgepasst!

Achten Sie darauf, dass Sie den Habichtspilz nicht mit dem sehr ähnlichen ungenießbaren **Gallenstachling** verwechseln. Er schmeckt sehr bitter, kommt aber selten vor (und steht unter Naturschutz!). Bestes Unterscheidungsmerkmal zum Habichtspilz ist neben dem scheußlichen Geschmack sein blaugrünes Fleisch an der Basis. Außerdem wächst er in Laubwäldern.

Extra Tipp

Wer es besonders würzig mag, kann auch etwas ältere Habichtspilze als Pilzpulver verwenden. Damit die Note nicht zu stark wird, sollten Sie anfangs vorsichtig dosieren und lieber bei Bedarf nachwürzen.

Violetter Lacktrichterling

Amethystblauer Lackpilz

Sammelzeit: Von Juli bis November.

Lieblingsort: Wälder mit Moos oder modrigem Holz.

Kennzeichen: **Hut** 2–5 cm breit, jung halbkugelig und kräftig rotviolett, dann unregelmäßig flach gewölbt bis leicht trichterförmig und bräunlich violett ausblassend, feucht fast glatt, trocken feinfilzig oder schuppig. **Stiel** 3–9 cm lang, Färbung wie der Hut, mit weißlichen Längsfasern, schlank, älter hohl. **Lamellen** angewachsen, grob, recht weit auseinander stehend, jung violett, im Alter blasser. **Fleisch** blasslila, dünn, faserig. **Geschmack** und Geruch unauffällig.

Violette Lamellen

Schmeckt ... gut in Mischgerichten oder eingelegt, ist aber nicht besonders ergiebig. Noch attraktiver als sein Geschmack ist seine knallige Farbe, die jedes Gericht optisch aufpeppt.

Aufgepasst!

Rettichhelmling

Die gefährliche Verwechslungsart, der **giftige** ☠ **Rettichhelmling**, riecht eindeutig nach – der Name ist in diesem Fall Programm – Rettich.
Häufig an der Küste und in den Alpen zu finden ist der essbare **Rötliche Lacktrichterling**, der eher orangebraun ist.

Extra Tipp

In Essig konserviert macht sich der Violette Lacktrichterling als Farbklecks in Salaten oder als Garnierung besonders gut. Für diesen Effekt reichen auch schon wenige Exemplare des schlanken Pilzes. Das Rezept dafür steht auf Seite 431.

Violetter Ritterling

Violetter Rötelritterling, Nackter Ritterling

Sammelzeit: Von August bis in den Dezember.

Lieblingsort: Wälder, Gärten, Parkanlagen, auf humusreichen Böden.

Kennzeichen: Wächst häufig in Ringen oder Reihen. **Hut** 6–12 cm breit, jung blauviolett, älter braunviolett, manchmal ausgeblichen, kahl und glatt. **Stiel** 5–10 cm lang, etwas heller als der Hut. **Lamellen** violettlich, später verfärben sie sich ins Bräunliche, ziemlich eng zusammenstehend. **Fleisch** violett, blasst mit der Zeit aus. **Geschmack** aromatisch, riecht wie parfümiert.

Violettes Fleisch

Schmeckt … kräftig und besonders gut in Butter angebraten mit Speck, Zwiebeln, Salz und Pfeffer; in Mischgerichten übertönt sein starkes Aroma die anderen Pilzarten. Er lässt sich gut einfrieren.

Aufgepasst!

Der **giftige** ☠ **Lila Dickfuß** sieht ihm entfernt ähnlich, sein Hut ist jung aber mit einem faserigen Schleier mit dem Stiel verbunden. Sein Fleisch ist safranfarben (gelblich) und er hat einen sehr unangenehmen Geruch.

Lila Dickfuß

Extra Tipp

Der Violette Ritterling wächst meist spät im Jahr, sogar nach den ersten Frösten kann man ihn noch finden. Gefrorene Pilze sollten aber nicht mehr gesammelt werden, da man ihnen ein überständiges Alter nicht so ohne weiteres ansieht.

Mairitterling Maipilz

Sammelzeit: Von Mai bis Mitte Juni.

Lieblingsort: Lichte Laub- und Nadelwälder, auch Parkanlagen, vor allem an Stellen, an denen auch Gras oder krautige Pflanzen wachsen.

Kennzeichen: **Hut** 5–12 cm, elfenbeinweiß bis ockerfarbig, oft unregelmäßig rund und am Rand leicht eingerollt, trocken. **Stiel** 4–8 cm, gleiche Farbe wie der Hut. **Lamellen** jung weißlich, bei älteren Exemplaren elfenbeinweiß, eng stehend, ausgebuchtet angewachsen. **Fleisch** weißlich. **Geschmack** und Geruch nach nassem Mehl.

Lamellen jung und älter

Schmeckt ... Der Mairitterling ist vielseitig verwendbar. Die mehlartige Note wird beim Erhitzen etwas abgemildert.

Ziegelroter Risspilz

Weißer Risspilz

Aufgepasst!

Der **sehr giftige** ☠ **Ziegelrote Risspilz** wird besonders jung immer wieder mit dem Maipilz verwechselt. Dieser strohbräunlich gefärbte Risspilz rötet im Anschnitt an allen Teilen und hat älter olivbräunliche Lamellen. Auch der seltene **giftige** ☠ **Weiße Risspilz** sieht dem Maipilz ähnlich. Er riecht ebenfalls nach nassem Mehl und wächst im Herbst in eher bergigen Lagen.

Extra Tipp

Der Mairitterling ist einer der ersten Pilze im Frühsommer und deswegen bei Pilzsammlern sehr beliebt. Somit ist er ein schöner Beweis dafür, dass eine Pilztour nicht nur im Herbst erfolgreich sein kann! Sie finden ihn einzeln, in Gruppen oder in mehr oder weniger großen Ringen.

Nelkenschwindling

Feldschwindling, Kreisling

Sammelzeit: Von Mai bis November.

Lieblingsort: Wiesen oder grasige Wegränder.

Kennzeichen: **Hut** 3–5 cm breit, dünn, jung halbkugelig, später abgeflacht, orangebräunlich, alt blassocker. **Stiel** bis etwa 8 cm lang, sehr schlank, weißlich, feinfilzig, knorpelig zäh. **Lamellen** heller als der Hut, stehen relativ weit auseinander, dicklich, abgerundet angewachsen. **Fleisch** weißlich. **Geschmack** würzig, nussartig, riecht würzig nach frischen Sägespänen.

Helle Lamellen

Schmeckt … schön würzig in Soßen, Suppen und verschiedensten Pilzgerichten. Mit seiner schmächtigen Statur ist er nicht besonders ergiebig. Viele verwenden ihn daher nur als aromatischen Würzpilz. Praktischerweise eignet er sich auch zum Trocknen und kann zermahlen gut dosiert werden.

Aufgepasst!

Auf unseren Wiesen gibt es einige ähnliche kleine Pilze, manche davon sind ☠ **stark giftig**. Einige dieser braunhütigen Arten blassen abgetrocknet sehr stark aus, ihre Lamellen bleiben aber dunkel und sind ein gutes Unterscheidungsmerkmal.

Extra Tipp

Hexenringe verleiten immer zum genaueren Hinschauen, denn es könnte sich ja um einen sammelwürdigen Pilz handeln, von dem man auf einen Schlag eine ganze Menge ernten könnte. Der Nelkenschwindling wächst häufig in solchen Ringen oder in Reihen.

Samtfußrübling

Winterpilz, Winterrübling

Sammelzeit: Von November bis März.

Lieblingsort: An lebendem und totem Holz, gerne an Weiden, meist in Büscheln.

Kennzeichen: **Hut** 1–6 cm breit, jung gewölbt, später flacher, dünnfleischig, gelborange bis rost-orangebraun, glatt, feucht klebrig, nass hochglänzend, Rand durchscheinend gerieft. **Stiel** im unteren Teil braun samtfilzig (Name!), oben gelblich, leicht gebogen. **Lamellen** weißlich bis gelblich, leicht entfernt stehend. **Fleisch** dünn, elastisch, später wird es zäh. **Geschmack** mild, riecht nur schwach.

Helle Lamellen

Schmeckt ... gut in verschiedenen Gerichten. Die holzigen Stiele werden nicht verwendet. Sie können den Samtfußrübling übrigens auch im eigenen Garten züchten.

Aufgepasst!

Grünblättriger Schwefelkopf

Der Samtfußrübling kann mit dem **giftigen Grünblättrigen Schwefelkopf** verwechselt werden. Die wichtigsten Unterscheidungsmerkmale sind sein schwefelgelber Hut und seine grünlichen, dicht stehenden Lamellen. Außerdem schmeckt er sehr bitter.

Extra Tipp

Dem schneefesten Pilzjäger bereitet der Samtfußrübling das eine oder andere Sammelvergnügen. Seine Frostunempfindlichkeit macht ihn zu einem beliebten Pilz der Wintersaison. Aber Achtung, auch die Maden suchen ihn auf!

Stockschwämmchen Stockschüppling

Sammelzeit: Von April bis Oktober.

Lieblingsort: An morschen Baumstümpfen, vor allem an Buchen, Linden und Birken.

Kennzeichen: Wächst meistens in Büscheln. **Hut** 3–8 cm, dünn, ockergelb bis zimtbraun, trocken blasst er von der Mitte her aus, nass nicht glänzend. **Stiel** 5–8 cm lang, dünn mit zartem, dunklem Ring, abwärts meist dunkelbraun schuppig. **Lamellen** jung hellocker, älter braun, fein und eng aneinander stehend. **Fleisch** cremefarben, im Stiel blassbraun, weich. **Geschmack** mild, Geruch aromatisch.

Stiel mit dunklem Ring

Schmeckt ... ausgezeichnet und ist besonders beliebt in Pilzsuppen und der fernöstlichen Küche.

Aufgepasst!

Gifthäubling

Zwei giftige Doppelgänger sollten Sie bei der Bestimmung unbedingt sicher ausschließen können: den mehlartig riechenden und **sehr giftigen** ☠ **Gifthäubling**, dessen Stiel mit silbrigen Fasern überzogen isst und einen hellen Ring hat – und den **giftigen** ☠ **Grünblättrigen Schwefelkopf** (Seite 402).
Er ist an seinen gelbgrünlichen Lamellen zu erkennen, sein Fleisch schmeckt bitter.

Extra Tipp

Da das Stockschwämmchen auch im asiatischen Raum geschätzt und gezüchtet wird, ist es in vielen fernöstlichen Pilzkonserven enthalten. Sie können Ihre „asiatische Pilzmischung“ aus frischen, einheimischen Pilzen selbst herstellen. Am besten mischen Sie zum Stockschwämmchen noch einige Austernpilze (Seite 382).

Scheidenstreiflinge

Fuchsiger Scheidenstreifling, Grauer Scheidenstreifling

Sammelzeit: Von Juni bis Oktober.

Lieblingsort: Nadel- und Laubwälder.

Kennzeichen: **Hut** 6–12 cm, dünnfleischig, grau oder rotbraun, auch mit anderen Farben, glatt, am Rand deutlich gerieft. **Stiel** 8–15 cm lang, schlank, hohl, glatt oder genattert, am Grund mit großer, häutiger Scheide, die den Pilz jung einhüllt, ohne Ring. **Lamellen** weiß, weich, eng aneinander. **Fleisch** weiß, zart. **Geschmack** leicht süßlich.

Stiel ohne Ring, mit Scheide

Schmeckt … leicht nussig in Suppen und Mischgerichten. Scheidenstreiflinge sollte man immer gut durcherhitzen, damit auch wirklich alle schädlichen Inhaltsstoffe des rohen Pilzes verschwinden.

Aufgepasst!

Diese essbaren Scheidenstreiflinge gibt es in unzähligen Farbvarianten von orangegelb über grau nach fuchsrot-bräunlich. Die Beschreibung beschränkt sich auf die häufigsten Arten. Kontrollieren Sie immer, ob die große Scheide vorhanden ist und der Ring fehlt. Der **tödlich giftige** ☠ **Grüne Knollenblätterpilz** ist eher grünlich bis weiß, hat spätestens wenn er aufgeschirmt ist einen deutlichen Ring und ist am Hutrand nicht gerieft.

Extra Tipp

Zur Erinnerung: Junge Pilze sind oft schwer identifizierbar. Lassen Sie in jedem Fall junge Scheidenstreiflinge stehen, sie könnten sich als giftige Knollenblätterpilze entpuppen!

Perlpilz Rötender Wulstling

Sammelzeit: Von Juni bis Oktober.

Lieblingsort: Wälder, aber auch Gärten und Parks mit Bäumen.

Kennzeichen: **Hut** in der Regel 6–12 cm, blassrot bis rötlich braun, mit helleren Flocken („Perlen"), nach Regenwetter fehlen diese oft. **Stiel** 12–15 cm lang, kräftig, weißrötlich, mit weißer, hängender, geriefter Manschette und dicker, rotbrauner Knolle. **Lamellen** weiß, weich, engstehend. **Fleisch** weiß, unter der Huthaut (abziehen!) und an Fraßstellen rötlich gefärbt, weich und zart. **Geschmack** zart-süßlich, etwas kratzend.

Stiel mit Knolle und Manschette

Schmeckt ... vor allem in Mischgerichten. Da er sehr zartes Fleisch hat, sollten Sie ihn umgehend zubereiten. Die etwas zähe Huthaut lässt sich gut abziehen.

Aufgepasst!

Pantherpilz

Bei jungen Exemplaren sollten Sie aufs Sammeln verzichten, da sie leicht mit dem **stark giftigen** ☠ **Pantherpilz** zu verwechseln sind. Dieser hat eine deutlich abgesetzte, gerandete Knolle, eine ungeriefte Manschette und riecht leicht nach Rettich.

Extra Tipp

Der variantenreiche Pilz ist für den Einsteiger nicht ganz leicht zu identifizieren. Der rötliche bis rosafarbene Schimmer seines Hutfleisches, der Lamellen und des Stiels verraten dem Pilzkenner jedoch sofort, dass es sich unverkennbar um einen Perlpilz handelt. Die rotbraunen Madenfraßgänge sind ein weiteres Indiz für ihn.

Wiesenchampignon Feldegerling

Sammelzeit: Von Juni bis Oktober, manchmal schon im Mai. Gute Chancen nach feuchtem Wetter, dem warmtrockene Sommerwochen vorangegangen sind.

Lieblingsort: Auf Wiesen, an Wegrändern, auch in Parks und Gärten.

Kennzeichen: **Hut** 6–12 cm, ziemlich dick, weiß, glatt bis angedrückt schuppig. **Stiel** kurz, 4–6 cm lang, kräftig, an der Basis verschmälert, weißlich, mit schmalem Ring. **Lamellen** jung weißlich, bald aber fleischrosa, alt schokoladenbraun bis violettschwarz, eng, weich. **Fleisch** weiß, verfärbt sich im Anschnitt schwach rosa, fest. **Geschmack** gut, würzig, Geruch angenehm.

Lamellen alt und jung

Schmeckt … würzig und weit intensiver als der Zuchtchampignon aus dem Laden. Er eignet sich für jegliche Verwertung gut und ist sogar roh essbar. Junge Exemplare lassen sich auch gut trocknen.

Aufgepasst!

Doppelgänger ist der **giftige** ☠ **Gift-** oder **Karbolchampignon**, der sich im Anschnitt an der Stielbasis chromgelb verfärbt und chlorig nach Desinfektionsmittel riecht. Die **tödlich giftigen** Arten ☠ **Weißer** und ☠ **Kegelhütiger Knollenblätterpilz** haben weiße Lamellen und eine knollige Stielbasis mit einer lappigen Scheide, außerdem riechen sie mehr oder weniger unangenehm süßlich. Andere Champignons sind ebenfalls essbar.

Weißer Knollenblätterpilz

Gift-Champignon

Extra Tipp

Oft erscheint der Wiesenchampignon in großen Hexenringen, also in kreisförmigen Anordnungen in der Wiese. Ein erster Hinweis auf solch eine ergiebige Sammelstelle kann sein, wenn das Gras im Frühjahr auf einer kreisförmigen Linie anders wächst als nebenan.

Parasol Großer Riesenschirmling

Sammelzeit: Von Juli bis Oktober.

Lieblingsort: Lichte, grasige Wälder und Waldwiesen.

Kennzeichen: **Hut** jung eiförmig, später flach ausgebreitet, 12–25 cm, weiß-bräunlich mit dunkleren groben Schuppen, in der Mitte immer dunkler als am Rand. **Stiel** 15–30 cm lang, sein bräunliches Muster erinnert an eine Schlangenhaut, hohl, mit verschiebbarem Ring, unten keulig-knollig. **Lamellen** weißlich, später blassbraun, weich. **Fleisch** weiß, zart, im Stiel zäh und faserig. **Geschmack** nussig, Geruch angenehm.

Gemusterter Stiel mit Ring

Schmeckt … erstklassig als paniertes Pilzschnitzel – der Klassiker unter allen Zubereitungsarten – aber auch in anderen Pilzgerichten. Die Stiele sind hart und werden nicht verwendet.
Sie haben mehr Hüte als Sie essen können? Frieren Sie diese einfach im Ganzen ein.

Aufgepasst!

Schirmpilz auf Kompost

Schirmlinge, die im Garten, auf dem Kompost oder in Gewächshäusern wachsen, sollten gemieden werden! Man freut sich zunächst über die schönen Schirme, aber Vorsicht: Das sind die ungenießbaren oder gar **giftigen** Verwandten des Parasols.

Extra Tipp

Oft kann man schon aus großer Entfernung die majestätische Gestalt des Riesenschirmpilzes erkennen (mehr dazu beim Thema Wiesen, Seite 351). Auch Weitblick lohnt sich beim Pilzesuchen!

Schopftintling

Porzellanpilz, Spargelpilz

Sammelzeit: Von Mai bis November.

Lieblingsort: Gedüngte Wiesen (die erkennen Sie am Löwenzahn), aber auch in Wäldern und an Wegrändern.

Kennzeichen: **Hut** 6–12 cm hoch, oval und walzenförmig, weiß, an der obersten Stelle mehr oder weniger bräunlich, faserig-grobschuppig. **Stiel** 6–15 cm lang, schlank, weiß, glatt, mit verschiebbarem Ring. **Lamellen** dicht, weiß, bald rosa, zuletzt schwarz zerfließend wie dickflüssige Tinte. **Fleisch** weiß und zart. **Geschmack** angenehm.

Schmeckt ... sehr fein in Suppen, Mischgerichten oder (paniert) gebraten. Nur junge Hüte sammeln und sofort zubereiten.

Spechttintling

Faltentintling

Aufgepasst!

Ähnliche Giftpilze gibt es nicht. Aber: Sein ungenießbarer Verwandter **Spechttintling** ist braun mit weißen Schuppen. Auch vom **Faltentintling** sollte man die Finger lassen, denn er ist kein besonders guter Speisepilz und außerdem in Verbindung mit Alkoholgenuss unverträglich. Ihn erkennen Sie an seinem silbergrauen bis zartbraunen Hut mit deutlichen Falten, der nicht walzenförmig, sondern kegelförmig ist.

Extra Tipp

Beim Ernten und Verarbeiten ist Schnelligkeit gefragt, sonst zerfließt Ihr weißer, hübscher Schopftintling zu einer schwarzen, dickflüssigen Masse. Am besten, Sie gehen so vor: nur die jungen Hüte mit weißen Lamellen nehmen, indem Sie sie an Ort und Stelle vom Stiel abdrehen. Zu Hause sofort halbieren und braten.

Edelreizker Echter Reizker

Sammelzeit: Von Juli bis November.

Lieblingsort: Kiefernwälder mit sandigen Böden.

Kennzeichen: **Hut** 6–12 cm breit, dick, jung gewölbt und orangerot mit dunkleren Kreisen, später etwas trichterförmig, feucht schmierig. **Stiel** gleichfarbig wie der Hut, 3–9 cm lang, walzig, Oberfläche meist grubig. **Lamellen** starr und brüchig, am Stiel etwas bogig angewachsen. **Fleisch** hell, fest, brüchig, mit orangerotem Milchsaft (tritt bei Verletzung aus). **Geschmack** mild, riecht fruchtig.

Schmeckt … angebraten deliziös, wie sein wissenschaftlicher Name *Lactarius deliciosus* schon vermuten lässt. Gedünstet kann er allerdings leicht bitter werden.

Aufgepasst!

Weinroter Kiefernreizker

Er kann mit einem anderen essbaren Reizker, der unter Kiefern wächst, verwechselt werden: dem **Weinroten Kiefernreizker**. Dieser unterscheidet sich vom Edelreizker vor allem durch den sich blaugrün verfärbenden Hut. Alle Reizker sind sehr gute Speisepilze, wobei der Edelreizker der aromatischste unter ihnen ist.

Extra Tipp

Leider schmeckt der in der Pilzküche beliebte Edelreizker auch Maden sehr gut. Sehen Sie also am besten an Ort und Stelle nach, ob er überhaupt zu gebrauchen ist.

Speisemorchel Morchel

Sammelzeit: Von April bis Mai, manchmal auch bis in den Juni.

Lieblingsort: Bach- und Flussauen, gern unter Eschen.

Kennzeichen: **Hut** 4–18 cm hoch, eiförmig bis rundlich, unregelmäßig wabenartig zerteilt, ockergelblich, Stege oft rotbraun, hohl. **Stiel** 3–8 cm lang, hohl, kleiigkörnige Oberfläche. **Fleisch** brüchig, weißlich. **Geschmack** und Geruch sehr angenehm.

Schmeckt … frisch und getrocknet sehr fein. Da die Morchel etwas schwer verdaulich ist, empfiehlt es sich allerdings, sie in kleineren Mengen zu genießen. Spitzmorcheln sind genauso zu verwenden. Morcheln gehören wohl zu den interessantesten und auch geschmackvollsten Pilzen, die man bei uns finden kann. Die Haute Cuisine bedient sich gern dieses aromatischen Pilzes.

Lorchel

Spitzmorchel

Aufgepasst!

Morcheln können mit den **giftigen** **Lorcheln** verwechselt werden. Diese haben einen unregelmäßig geformten Hut, der eher an ein Gehirn als an Bienenwaben erinnert. Die ebenfalls essbare **Spitzmorchel** trägt einen dunkleren, oft spitzer zulaufenden Hut. Ihre Hutrippen sind vorwiegend längs ausgerichtet.

Extra Tipp

Damit es keine unangenehmen Überraschungen beim Diner gibt: Waschen Sie die Leckerbissen gründlich, bevor Sie sie verarbeiten. Da die Pilze hohl sind, dienen sie vielen Kleintieren als Unterschlupf.

Judasohr Holunderschwamm

Sammelzeit: Das ganze Jahr, besonders im Winter.

Lieblingsort: An Holundersträuchern, seltener auch an anderen Laubhölzern.

Kennzeichen: Nicht in Hut und Stiel gegliedert. **Fruchtkörper** ohr- oder muschelförmig, mehr oder weniger gelappt, mehr oder weniger mittelbraun, samtig, feucht gallertartig-knorpelig, trocken hart, Innenseite glänzend, immer heller als die Außenseite, manchmal geadert. **Fleisch** fest gelatineartig. **Geschmack** mild, riecht etwas erdig.

Glänzende Innenseite

Schmeckt ... mild und lässt sich leicht trocknen. Wird klassischerweise in Asiagerichten verwendet und ist reich an wichtigen Spurenelementen und Vitamin B_1.

Aufgepasst!

Der typisch ohr- oder muschelförmige Pilz am Holunderstrauch mit seiner matten Außenseite und etwas glänzenden, aderigen Innenseite ist kaum zu verwechseln.

Extra Tipp

Judasohr – nie gehört? Aber Chinamorchel oder Mu-Err-Pilze sind vielen Leuten ein Begriff. Unser heimisches Judasohr ist ein Verwandter der Chinamorchel und damit eine Pilzart, die sich als weitere Zutat für Ihre asiatische Pilzmischung (Seite 405) eignet.

Krause Glucke

Fette Henne

Sammelzeit: Von August bis Oktober.

Lieblingsort: Direkt unter Kiefern.

Kennzeichen: Nicht in Hut und Stiel gegliedert, sondern badeschwammähnlich, stark verzweigt und mit krausen Blättern. **Fruchtkörper** bis 30 cm im Durchmesser, jung blassocker bis rosabräunlich, später Ränder bräunlich verfärbend. **Strunk** aus Kiefernstümpfen oder -wurzeln wachsend. **Fleisch** weißlich. **Geschmack** nussig, ältere Teile leicht bitter, Geruch mild-würzig.

Schmeckt ... jung sehr gut als Mischpilz oder alleine und zählt zu unseren allerbesten Speisepilzen. Noch dazu hält sich die Krause Glucke ein paar Tage im Kühlschrank und lässt sich ohne Qualitätsverluste trocknen oder einfrieren. Im Alter wird sie etwas bitter.

Aufgepasst!

Breitblättrige Glucke

Die an Laub- und Nadelbäumen wachsende essbare **Breitblättrige Glucke** hat keine krausen, sondern wellige Verzweigungen und flache Äste. Sie steht aber unter Naturschutz und darf deshalb auf keinen Fall gesammelt werden! Giftige Doppelgänger gibt es nicht.

Extra Tipp

Waschen, waschen und noch mal waschen ist hier angesagt. Im Gegensatz zu den meisten anderen Pilzen verträgt sie die Behandlung mit fließendem Wasser gut; das ist auch dringend nötig, weil sich von Sand über Nadeln bis zu Kleingetier alles in ihren Verästelungen verfängt.

Voller Korb – was nun?

Erste Schritte

Ihre Pilztour war erfolgreich? Gratulation! Jetzt sollten Sie Ihre Beute zügig weiter verarbeiten, damit sie nicht verdirbt. Pilze enthalten nämlich leicht verderbliches Eiweiß und sind daher genauso zu behandeln wie roher Fisch oder rohes Fleisch!

Wenn's schnell gehen muss

Ist nur wenig im Korb, bietet es sich an, ein schnelles Mischpilzgericht daraus zu bereiten. Haben Sie aber Glück gehabt und volle Körbe mit nach Hause gebracht, dann sollten Sie so vorgehen:

- **Die Pilze auspacken und nach Arten sortieren:** So haben Sie schnell einen Überblick, wie Sie weiter verfahren können. Sollten Sie sich beim einen oder anderen Pilz doch nicht ganz sicher sein, legen Sie ihn separat, bestimmen Sie ihn sorgfältig nach oder fragen Sie einen Pilzberater.
- **Sich den leicht verderblichen Pilzen widmen:** Dazu zählen die Schopftintlinge, die Sie sofort zubereiten sollten. Die anderen so lange kühl und luftig lagern.
- **Weichfleischige Pilze verarbeiten:** Weiche Röhrlinge wie Goldröhrling oder Birkenpilz sowie zarte Lamellenpilze, schon offene Champignons oder Perlpilze sollten Sie zügig verarbeiten.

Achtung, Mitesser!

Heben Sie keine madigen Pilze auf! Die Maden fressen sich so schnell durch abgeerntete Pilze, dass Ihnen kaum noch etwas zum Abendessen bleibt.

Genügsamere Genossen

An einem kühlen, luftigen Ort lassen sich festfleischige Röhrlinge wie Steinpilze, Maronen, Rotkappen oder Hexenröhrlinge bis zum nächsten Tag lagern. Außerdem können Sie Lamellenpilze mit trockenem Fleisch und recht fester Konsistenz wie Nelkenschwindlinge oder Maipilze etwas aufheben.
Nur ganz wenige sind so fest, dass sie auch eine zweitägige Lagerung gut überstehen. Das sind Pfifferlinge, Semmelstoppelpilze oder Austernseitlinge. Aber Vorsicht: Auch einzelne Exemplare dieser Arten wären besser schnell im Topf. Sie sollten sich zur Grundregel machen: So schnell wie möglich verarbeiten und nur so lange wie unbedingt nötig aufbewahren.

Richtig putzen bringt Nutzen

Je sauberer Sie die Pilze an Ort und Stelle in den Korb gelegt haben (Seite 361), desto geringer ist der Aufwand zu Hause:

Bei der Feinarbeit hilft ein Pinsel.

Säubern Sie dreckige oder sehr schleimige Hüte, indem Sie die gesamte Huthaut abziehen. Teile, die von Madengängen durchzogen sind, sollten Sie ausschneiden, genau wie die Druckstellen vom Transport. Entfernen Sie auch ältere Röhren, die schwammig oder gar matschig sind.

Pilze mit Faulstellen sollten Sie erst gar nicht sammeln oder spätestens jetzt aussortieren.

Lamellen zu reinigen gleicht schon einem kleinen Kunststück. Sie sollten dieser Mühe durch sorgfältigen Transport vorbeugen. Pinsel oder eine feine Bürste helfen, letzte Schmutzpartikel zu entfernen. Zähe Stellen oder holzige Stielteile werden weggeschnitten und höchstens getrocknet zu Pilzpulver vermahlen.

Soll man Pilze waschen?

Gut geputzte Pilze müssen in der Regel nicht gewaschen werden. Bei einigen Exemplaren wird man jedoch nicht auf Wasser verzichten können: aber nur kurz abspülen, sonst saugen sie sich voll Wasser und verlieren so an Geschmack!

Ausnahmen sind Krause Glucke und Morchel: Sie müssen gut unter fließendem Wasser gewaschen werden, da sich in den vielen Windungen kleine Insekten und Schmutzpartikel befinden.

Pilze haltbar machen

Um Ihre reiche Ernte in kleinen Portionen und das ganze Jahr über genießen zu können, gibt es verschiedene Möglichkeiten der Konservierung. Dazu zählen Trocknen, Einkochen, Einlegen in Essig oder Salz, Einfrieren und noch einiges mehr.

Trocknen

Eine einfache Methode, die reiche Ernte in einen Pilzvorrat zu verwandeln, ist das Trocknen. Hierfür sollten Sie darauf achten, nur einwandfreies Pilzmaterial zu verwenden.

Dauert … Mehrere Stunden oder Tage.

Hält sich … Getrocknete Pilze sollte man nicht länger als 18 Monate aufbewahren.

Welche Pilze? Alle festfleischigen Röhrlinge wie Steinpilz, Marone, Rotkappe, aber auch Ritterlinge, Morcheln, Herbsttrompete oder Nelkenschwindling. Als ausgesprochener Würzpilz gilt der Habichtspilz. Sein Pilzpulver verleiht Soßen und Suppen ein volles Aroma.

Und welche nicht? Leicht verderbliche und wasserhaltige Arten wie Tintlinge, Perlpilz oder Birkenpilz. Pfifferlinge nur, wenn man sie später zu einem Pilzpulver verarbeitet, sie werden recht hart und schmecken etwas bitter. Ältere oder weichfleischige Champignons eignen sich nicht zum Trocknen, da sie leicht wieder Wasser ziehen und dann schnell schimmeln.

So geht's: Pilze auf keinen Fall vorher waschen, keine stark durchfeuchteten nehmen. Pilze putzen, in große, höchstens 5 mm dicke Scheiben schneiden und auf einer luftdurchlässigen Unterlage wie einem Rost ausbreiten oder mit Nadel und Faden auffädeln und aufhängen.

Rascheln müssen sie, dann sind sie fertig.

Idealerweise bei trockener Wärme und etwas Wind trocknen. Ansonsten bei nicht über 50 °C im Herd dörren. Pilzstückchen immer wieder wenden bis sie rascheln und beim Brechen knacken. Abgekühlt sofort in dicht schließende Gefäße geben und kühl und trocken aufbewahren.

Wie verwenden? Vor dem Genuss der Trockenpilze werden diese einige Stunden, am besten über Nacht, in wenig Wasser eingeweicht und dann mindestens 20 Minuten mitgekocht.

Achtung

Verzehren Sie Trockenpilze nie roh – sie sind genauso wenig essbar wie die meisten frischen Pilze.

Pilzpulver

Pilzpulver ist sehr praktisch. Es ist leicht anzuwenden und hat eine hohe Würzkraft. Das Einweichen fällt weg und die Pilzeiweiße sind leichter verdaulich.

Dauert ... Sind die Pilze bereits getrocknet, dauert es nur wenige Minuten.

Hält sich ... Gemahlene Pilze sollte man nicht länger als 12 Monate aufbewahren.

Welche Pilze? Harte Trockenpilze, wie Pfifferlinge, Semmelstoppelpilze oder Habichtspilze kann man so optimal nutzen. Bestens geeignet sind Würzpilze wie der Habichtspilz (siehe unter Trocknen).

So geht's: Trockene Pilze am besten in einer handbetriebenen Mühle, zum Beispiel einer Kaffeemühle, zerkleinern. Bei einer elektrischen Mühlen mehrmals kurz mahlen, damit sie nicht zu warm wird.

Wie verwenden? Pilzpulver wird einfach in das Gericht gegeben und kurz mitgekocht.

Einkochen

Unsere Uromas waren vom Einkochen begeistert. Da es heute viele andere Möglichkeiten gibt, ist es in den letzten Jahren etwas aus der Mode gekommen. Doch bei Pilzen ist das Einkochen immer noch eine beliebte Methode, nicht zuletzt weil man seinen Findlingen mit Gewürzen eine ganz eigene Note verleihen kann: So kann man sie auch wunderbar verschenken.

Dauert ... 60 + 45 Minuten, dazwischen zwei Tage Ruhezeit.

Hält sich ... Etwa 12 Monate.

Welche Pilze? Feste Pilze in bester Qualität. Ein besonders hübscher Farbklecks ist der Violette Lacktrichterling.

So geht's: Ganze oder halbierte Pilze 5 Minuten in leicht gesalzenem Wasser blanchieren. Einmach- oder Schraubdeckelgläser mit Pilzen und frischem Salzwasser zu ¾ füllen, Deckel schließen. Gläser in einen großen Topf stellen und mit Wasser bedecken.

Ganz individuell: würzig eingelegte Pilze

Sie können statt des Salzwassers auch eine würzige Essiglösung einfüllen (1 Teil Kräuteressig auf 2 Teile Wasser). Nach Belieben Pfeffer- und Senfkörner, Lorbeerblätter, Silberzwiebeln, Paprika, Ingwer, Kurkuma und andere Gewürze verwenden. 30 Minuten in ruhig siedendem Wasser einkochen und nach 48 Stunden wiederholen. Gläser genau mit Datum und Art des Inhalts beschriften und kühl und dunkel lagern.

Wichtig! Das Glas muss vor dem Öffnen noch den Deckel eingezogen haben, also absolut dicht sein. Sonst kann es sein, dass der Inhalt verdorben und damit unverträglich oder sogar giftig geworden ist.

Wie verwenden? Einfach das Glas öffnen und zu Salaten oder kalten Platten reichen.

Einfrieren

Pilze kann man sehr gut tiefkühlen. Das geht schnell und sehr einfach. Kurz blanchiert, erhalten die gesammelten Schätze Geschmack, Farbe und Konsistenz. Roh eingefroren werden viele Pilze schwammig oder zäh und bitter.

Dauert … Wenige Minuten pro Portion.

Hält sich … Tiefgefrorene Pilze sollten nicht länger als 12 Monate aufbewahrt werden.

Welche Pilze? Alle festfleischigen Arten.

So geht's: Saubere, frische Pilze von bester Qualität so in Scheiben oder Stücke schneiden, wie sie später auch gegessen werden sollen. Portionsweise in siedendem Salzwasser 2 bis 4 Minuten blanchieren, dann herausnehmen, gut abtropfen und abkühlen lassen, in Gefrierbeutel oder Behältnisse verpacken und sofort einfrieren. Die Gefäße mit Datum und Art des Inhalts beschriften.

Wie verwenden? Aufgetaute Pilze (im Kühlschrank auftauen) müssen schnell verarbeitet werden und dürfen nicht wieder eingefroren werden. Kleinere Portionen in flachen Gefriergefäßen können Sie auch im gefrorenen Zustand erhitzen.

Mit derart blanchierten Pilzen können Sie auch ganze Pilzgerichte vorbereiten und einfrieren, dann sollten Sie sie aber schneller verbrauchen. Wichtig ist das schnelle Einfrieren und das sofortige Zubereiten nach dem schonenden Auftauen im Kühlschrank.

Alles verwenden

Die Brühe, die beim Blanchieren oder Einkochen im Glas entsteht, können Sie ebenfalls verwenden: Sie bildet eine schmackhafte Grundlage für Suppen und Soßen.

Bewährte Klassiker

Pilze lassen sich auf ganz unterschiedliche Art und Weise lecker zubereiten. Besonders bemerkenswert ist, dass es – auch in der traditionellen Küche – viele Pilzgerichte gibt, die ganz ohne Fleisch auskommen, ohne dass man dabei etwas vermisst.

Pilzomelett

Für 2 Personen:

- 1 kleine Zwiebel oder Schalotte
- etwas Räucherspeck (optional)
- Öl zum Anbraten
- 500 g Pilze
- 5 Eier
- Salz und Pfeffer

Die Zwiebel oder Schalotte schälen und fein würfeln. Den Speck ebenfalls fein würfeln. Die geputzten Pilze in feine Scheiben schneiden. Speck und Zwiebelwürfel in etwas Öl bei mittlerer Hitze in der Pfanne andünsten. Pilze in Scheiben zugeben und von allen Seiten gut durchgaren. Eier verquirlen, salzen und pfeffern und über die in der Pfanne gleichmäßig ausgebreiteten Pilze geben. Bei schwacher Hitze und ohne Deckel langsam garen und wenden, sobald das Ei nicht mehr flüssig ist.

Wer möchte, kann das Omelett mit Schnittlauch oder anderen frischen Kräutern garnieren. Dazu passen gebuttertes Toastbrot und ein grüner Salat.

Panierter Parasol

Für 2 Personen:

- 2–4 Parasol-Hüte, je nach Größe
- Salz und Pfeffer
- etwas Mehl
- 1 Ei
- etwas Paniermehl
- Butterschmalz oder neutrales Öl

Die Parasol-Pilze ohne Stiel säubern, leicht salzen und pfeffern und wie ein Schnitzel panieren: Auf drei nebeneinander stehende Teller Mehl, verquirltes Ei und Paniermehl geben und in dieser Reihenfolge die Hüte darin wenden. Fett in einer beschichteten Pfanne erhitzen und das Pilzschnitzel bei mittlerer Hitze auf beiden Seiten goldbraun braten.
Dazu können Sie alles reichen, was Ihnen zu einem panierten Schweineschnitzel schmeckt. Gut passen ein bunter Salat und ein Klecks frischer Kräuterquark zum dippen – das ist besonders schnell gemacht und nicht zu üppig. Wie zum Schnitzel passt auch etwas Zitronensaft auf die Panade.

Rahmpfifferlinge

Für 2 Personen:

- 1–2 Schalotten
- Butter
- 500 g Pfifferlinge
- 100 g roher Schinken (optional)
- 200 g süße Sahne
- 2 EL Weißwein
- Salz und Pfeffer
- Muskat

Schalotten schälen und fein würfeln. Den Schinken würfeln. Pfifferlinge putzen und große längs halbieren. Schalottenwürfel in Butter bei mittlerer Hitze glasig dünsten. Pfifferlinge und den Schinken zugeben, 5 Minuten anbraten und mit Salz und Pfeffer würzen. Sahne und Wein zugeben, 2 Minuten aufkochen lassen und mit etwas geriebener Muskatnuss abschmecken.
Zu Rahmpfifferlingen passen besonders gut Bandnudeln oder Spaghetti. Sie sind aber auch als Beilage zu unpaniertem Schnitzel oder Wild mit Spätzle sehr beliebt.

Pilzpfanne

Für 2 Personen:

- 1–2 Schalotten
- Butterschmalz oder neutrales Öl
- 500 g Pilze
- Salz und Pfeffer
- Majoran und Rosmarin oder Thymian
- etwas abgeriebene Zitronenschale

Schalotten schälen, fein würfeln. Pilze gut putzen und je nach Geschmack in Scheiben oder Stückchen schneiden. Die Schalotten in dem Fett in einer Pfanne bei mittlerer Hitze andünsten. Pilze dazugeben, sanft braten und immer wieder wenden, bis sie eine appetitliche, goldgelbe Färbung annehmen. Salzen, pfeffern und nach Gusto mit den Kräutern und Zitronenschale abschmecken.

Bei kleinen Ernten …

… nehmen Sie die Pilze einfach zum Garnieren für Salate oder Fleisch oder „strecken“ Sie sie mit Lauch, Croûtons oder gerösteten Kürbiskernen. Selbstverständlich lassen sich Ihre gefundenen Wildpilze auch mit zugekauften kombinieren. Inzwischen gibt es immer mehr Arten frisch oder getrocknet im Handel.

Waldpilz-Strudel

Für 4 Personen:

- Pilzmasse (wie Pilzpfanne Seite 436 mit sehr klein geschnittenen Pilzen)
- 250 g Blätterteig am Stück
- 1 Eigelb

Ofen auf 200 °C vorheizen. Den Blätterteig auf einer mit Mehl bestreuten Arbeitsplatte noch etwas ausrollen und auf ein mit Backpapier ausgerolltes Backblech legen. Die Pilzmasse auf einer Hälfte des Blätterteigs verteilen. Teigränder mit verquirltem Eigelb bestreichen, die leere Teighälfte über die Pilzfüllung schlagen und die Teigränder fest andrücken.
Nach Belieben die Teigrolle mit dem Rest des Eigelbs bestreichen. Im Ofen etwa eine halbe Stunde backen, bis der Strudel goldbraun ist. Dazu passen Feldsalat, Kopfsalat oder grünes Gemüse.

Pilzcremesuppe

Für 2 Personen:

- 1 Zwiebel oder Schalotte
- Butter oder neutrales Öl
- 500 g Pilze
- 2 gestrichene EL Mehl
- ½ l Gemüsebrühe
- 200 g süße Sahne oder Crème fraîche
- Salz und Pfeffer
- Weißwein
- Petersilie oder Borretsch zum Garnieren

Schalotte oder Zwiebel schälen und fein würfeln. Geputzte Pilze feinblättrig schneiden. Zwiebelwürfel in etwas Fett bei mittlerer Hitze glasig braten. Pilze zugeben und etwa 5 Minuten mitdünsten. Mehl darübersieben, umrühren, mit Gemüsebrühe ablöschen und 10 Minuten bei mittlerer Hitze köcheln lassen. Die Sahne oder Crème fraîche zugeben, und mit Salz, Pfeffer und Weißwein abschmecken. Mit gehackter Petersilie oder Borretschblüten garnieren.

Wer Cremesuppen besonders schaumig mag, kann einen Teil der Sahne schlagen, eventuell einen kleinen Schuss Weißwein unterrühren und je einen Löffel davon auf jede Portion Suppe geben. Natürlich können Sie Ihre Suppe für diesen Zweck auch mit dem Mixer oder Zauberstab aufschäumen, allerdings geht dann die schöne Struktur der Pilzstückchen ganz verloren.

Suppe, aber klar!

Bei klaren Pilzsuppen verzichtet man ganz auf Sahne oder Crème fraîche. Sie lassen sich aber ansonsten genau nach diesem Rezept zubereiten – das Mehl lassen Sie dann weg. Schön heiß serviert wärmt die klare Suppe Sie angenehm nach einer ausgedehnten Pilzwanderung.

Pilze mal anders

**Ihr Herz schlägt eher für die modernere Küche? Bei den Worten Carpaccio, Quiche und Wok läuft Ihnen das Wasser im Mund zusammen?
Auch dafür sind unsere heimischen Waldpilze wunderbar geeignet. Probieren Sie mal!**

Pilz-Carpaccio

Für 4 Personen als Vorspeise:

- 150 g Steinpilze oder Champignons
- Salz und Pfeffer
- Olivenöl
- 30 g Parmesan am Stück

Pilze in ganz feine Scheiben schneiden, diese nebeneinander wenig überlappend auf Tellern verteilen, salzen und pfeffern und mit Olivenöl beträufeln. Ganz fein gehobelte Scheiben oder grob geriebenen Parmesan darüber streuen, fertig!

Morchelspaghetti mit Rucola

Für 2 Personen:

- 300 g Spaghetti
- 250 g Speisemorcheln
- 25 g Butter
- Salz und Pfeffer
- ½ Bund Rucola
- geriebener Parmesan zum Bestreuen

Morcheln gründlich reinigen und größere Exemplare halbieren oder vierteln. Spaghetti nach Anleitung auf der Packung kochen.
Währenddessen die Morcheln in einer Pfanne mit der Butter bei mittlerer Hitze 10 Minuten dünsten. Spaghetti dazu geben, mit den Pilzen vermengen und mit Salz und Pfeffer würzen. Die Pfanne vom Herd nehmen und die gewaschenen Rucolablätter zugeben, gründlich vermischen und mit geriebenem Parmesan bestreut servieren.

Pilz-Quiche

Für 1 Quiche
(etwa 6 Personen):

- 200 g Mehl
- 100 g Butter
- 1 Eigelb
- 1 Prise Salz
- 1 EL Senf
- Butter und Mehl für die Springform
- 300 g Pilze
- 2 Schalotten
- 4 Eier
- 100 g Crème fraîche
- Salz, Pfeffer und Muskat

Mehl sieben, Mulde formen und Butter in kleinen Stücken darauf verteilen. Eigelb, Salz und Senf in die Mulde geben und zu einem Mürbteig kneten. Kühl stellen.
Inzwischen Springform fetten und mit Mehl einpudern. Pilze in Scheiben schneiden und zusammen mit den fein gewürfelten Schalotten in der Pfanne 5 Minuten andünsten.
Eier, Crème fraîche und Gewürze verquirlen.
Ofen auf mittlere Hitze (180 °C) vorheizen, Mürbteig ausrollen und die Springform damit auskleiden. Pilze darauf verteilen, Eier-Masse darüber geben und etwa 40 Minuten backen, bis die Quiche schön goldbraun ist. Mit einem knackigen Salat servieren.

Bunte Glasnudelsuppe

Für 4 Personen:

- 80 g Glasnudeln
- 1 Stück Ingwer (etwa daumenstark)
- 2 Knoblauchzehen
- 2 rote Chilischoten
  Sesamöl
- 1 l Gemüsebrühe
- 200 g frische China-Pilze (z. B. Judasohr oder Stockschwämmchen)
- 200 g Tofu
- 2 Blätter Mangold
- 3 Karotten
- 4 EL Sojasoße
- 1 Handvoll Sojasprossen
- 2 TL geröstete Sesamsamen

Glasnudeln 20 Minuten in warmem Wasser einweichen und abgießen.
Ingwer fein schneiden und mit den zerdrückten Knoblauchzehen und Chilischoten in Sesamöl andünsten, dann mit Gemüsebrühe ablöschen. Den Sud mit Sojasoße würzen.
In Scheiben geschnittene Karotten, Pilzstücke und klein gewürfeltes Tofu darin 10 Minuten köcheln lassen, danach Mangold zugeben und weitere 5 Minuten mit geschlossenem Deckel köcheln lassen. Mit Sojasoße abschmecken.
Vor dem Servieren Chilis und Knoblauch entfernen und Sojasprossen und geröstete Sesamsamen zugeben.

Kräuterpilze auf jungen Kartoffeln

Für 4 Personen als Vorspeise oder für 2 Personen als Hauptspeise:

- 4 mittelgroße junge Kartoffeln
- neutrales Öl zum Anbraten
- 300 g Mischpilze
- ¼ Stange Lauch
- frischer Thymian
- frischer Rosmarin
- frische Rucola-Keimlinge
- Salz und Pfeffer
- Zitronensaft

Kartoffeln in Salzwasser garen, in Längshälften schneiden und in einer beschichteten Pfanne in etwas Öl sanft anbraten.
Die Pilze stückeln, 10 Minuten in Öl braten, nach 3 Minuten fein geschnittenem Lauch, Thymian und Rosmarin und Salz, Pfeffer und Zitronensaft zugeben. Nach den weiteren 8 Minuten Rucola-Keimlinge noch 2 Minuten sanft mitdünsten. Kartoffelhälften salzen und pfeffern und mit den Kräuterpilzen garnieren.

Noch Fragen?

INFO

Lust auf mehr

Dieses Büchlein erleichtert Ihnen den Einstieg. Für alle, die mehr über Kostbarkeiten am Wegrand wissen wollen, gibt es viele gute und etliche nicht so gute Bücher. Hier werden einige der Ersteren und andere gute Fortbildungsmaßnahmen vorgestellt.

Mehr über Wildkräuter

Susanne Hansch
Die große Wildkräuter-Kochschule. Pflanzenwissen, Küchenpraxis und 180 wilde Rezeptideen
288 Seiten
Verlag Eugen Ulmer, 2023
Wenn Sie richtig in die Wildkräuterküche einsteigen wollen, sei Ihnen dieses Buch empfohlen. Es ist ein umfangreiches Werk, aber dank seiner tollen Bebilderung und den vielfältigen Rezepten macht es auch richtig Spaß.
Die Spiegel-Bestseller-Autorin Susanne Hansch zeigt, wie essbare Wildpflanzen unkompliziert und lecker in die eigene Alltagsküche einbezogen werden: clever sammeln, schonend transportieren, richtig putzen, köstlich zubereiten. Mit vielen Tipps und Tricks für die Küche, klassischen und neuen Rezepten aus aller Welt und über 60 Wildpflanzen in detailreichen Porträts.

Bruno P. Kremer

Essbare und giftige Wildpflanzen. Über 200 Kräuter, Beeren und Nüsse

192 Seiten

Verlag Eugen Ulmer, 2015

Ein umfangreiches Bestimmungsbuch über Wildkräuter und Beeren mit ihren giftigen Doppelgängern. Die Wildfrüchte sind nach Fruchtfarben und die Wildkräuter nach Blütenfarbe geordnet. Außerdem erfahren Sie hier zu jeder Art, wie Sie die Wildpflanzen verwenden können.

Heilpflanzen anwenden

Karin Greiner

Meine Wildpflanzen-Apotheke. 120 heilende Rezepte rund ums Jahr.

144 Seiten

Verlag Eugen Ulmer, 2020

Ob Sirup, Bonbons oder Cremes, Tee, Öle, Tinkturen, Essenzen oder Wickel. Aus 32 bekannten und heimischen „Allerweltsheilpflanzen“ können Sie sich mit diesem Buch Ihre natürliche Medizin selbst herstellen.

Rudi Beiser

Öle, Cremes und Salben aus Heilpflanzen. Wirksame Rezepturen selbst gemacht

Verlag Eugen Ulmer, 2020

Stellen Sie Ihre eigenen Salben und Cremes her! Der Heilpflanzenexperte erklärt die Methoden der Herstellung von Ölauszügen und welche für den jeweiligen Einsatzbereich optimal ist. Das Buch enthält 76 Rezepte für ganzheitliche Gesundheit aus der Naturheilkunde.

Rudi Beiser und
Helga Ell-Beiser
Heilpflanzen-Tinkturen. Wirksame Pflanzenauszüge selbst gemacht
160 Seiten
Verlag Eugen Ulmer, 2022

Wenige Tropfen Tinktur enthalten meist mehr Wirkstoffe als eine Tasse Tee. Das Extraktionsverfahren in 7 einfachen Schritten funktioniert mit frischen und getrockneten Pflanzen. Mit über 70 Rezepten für alle wichtigen Beschwerden, einer exklusiv für dieses Buch entwickelten Ausleitungstherapie und mit besonderen historischen Rezepten.

Pilzwissen vertiefen

Gerhard Schuster und
Christine Schneider
10 Pilze. Die sichersten Arten finden und bestimmen
96 Seiten
Verlag Eugen Ulmer, 2018.

10 Pilzarten werden zum sicheren Erkennen und Merken in aller Ausführlichkeit vorgestellt, sodass nichts schiefgehen kann. Neben den wichtigen Erkennungsmerkmalen von Weitem und von Nahem hat jedes Pilzporträt eine Negativliste nach dem Motto „So sollte der Pilz nicht aussehen“. Das Büchlein findet in jeder Tasche Platz, gilt als sichere Antwort auf die vielen unsicheren Pilz-Apps und vermittelt nebenbei auch den Spaß am Pilzesammeln als Naturerlebnis. Die Prädikate „Empfohlen von der Deutschen Gesellschaft für Mykologie“ und „Spiegel-Bestseller“ sprechen für sich.

John Wright
Handbuch für Pilzjäger. Sammlerglück und Pilzgenuss
256 Seiten
Verlag Eugen Ulmer
Gutes Infotainment für alle Pilzsammler mit Charakterstudien zu 50 Genusspilzen und 22 Giftpilzen. Mit richtig guten und innovativen Rezepten. Oder haben Sie schon einmal einen Bovistburger oder Steinpilz-Lasagne gegessen?

Profis helfen weiter

Auch in der Nähe Ihres Wohnortes finden Sie Naturexperten aller Couleur, die Führungen oder Seminare anbieten: Kräuterpädagogen, Pilzberater, Heilpflanzenexperten arbeiten eigenständig oder sind an spezialisierte Schulen, Erlebniszentren, Vereine oder Naturschutzorganisationen angeschlossen. Es lohnt sich, mit Kennern in die Natur hinauszugehen und vor Ort Pflanzen und Pilze kennenzulernen. Pilzberater besprechen auch Ihre Beute mit Ihnen, um allen Risiken einer Pilzvergiftung aus dem Weg zu gehen.

Natur-, Heilpflanzen- und Wildnisschulen bieten fundierte Ausbildungen und Kurse an, in denen Sie selbst zum Profi werden können.

In der Not: Giftnotruf

Die meisten Städte haben Giftnotrufe, die unter **19240** Tag und Nacht erreichbar sind. Zusätzlich gibt es fast in jedem Klinikum einen Giftnotruf. Diese Nummern tehen im Telefonbuch auf den ersten Seiten. Ebenfalls können Sie sich an Giftinformationszentralen wenden.

Baden-Württemberg:	Vergiftungs-Informations-Zentrale Freiburg www.uniklinik-freiburg.de/giftberatung Telefon 0761 19240
Bayern:	Giftnotruf München an der Toxikologischen Abteilung der II. Medizinischen Klinik der Technischen Universität München www.toxinfo.org Telefon 089 19240
Berlin, Brandenburg:	Institut für Toxikologie, Giftnotruf Berlin (Berliner Betrieb für zentrale gesundheitliche Aufgaben) www.giftnotruf.de Telefon 030 19240
Bremen, Hamburg, Niedersachsen, Schleswig-Holstein:	Giftinformationszentrum Nord www.giz-nord.de Telefon 0551 19240
Nordrhein-Westfalen:	Informationszentrale gegen Vergiftungen www.gizbonn.de Telefon 0228 19240
Rheinland-Pfalz, Hessen:	GIM Giftinformationszentrum der Länder Rheinland-Pfalz und Hessen in Mainz www.giftinfo.uni-mainz.de Telefon 06131 19240

Saarland:	Informations- und Behandlungszentrum für Vergiftungen des Saarlandes www.uniklinikum-saarland.de/de/einrichtungen/kliniken_institute/kinder-und-jugendmedizin/informations-und-behandlungszentrum-fuer-vergiftungen-des-saarlands Telefon 06841 19240
Mecklenburg-Vorpommern, Sachsen, Sachsen-Anhalt und Thüringen:	GGIZ Gemeinsames Giftinformationszentrum der Länder Mecklenburg-Vorpommern, Sachsen, Sachsen-Anhalt und Thüringen in Erfurt www.ggiz-erfurt.de Telefon 0361 730730
Österreich und Schweiz:	Wien: Vergiftungsinformationszentrale Notruf: 0043 (0) 14064343 Zürich: Schweizerisches Toxikologisches Informationszentrum Notruf: 0041 (0)145

Register

L

M

N

O

P

Q

R

Z

Bildquellen

Die Illustrationen stammen von Daniel Stieglitz.

Das Umschlagfoto stammt von Heike Schmidt-Röger.

Wildkräuter
AlessandroZocc/Shutterstock.com: 15; aliasemma/Shutterstock.com: 44; All-stock-photos/Shutterstock.com: 13; Becker, Peter: 52 u.; Bellmann, Heiko/Frank Hecker: 71, 79; Bildagentur Zoonar GmbH/ Shutterstock.com: 10/11; Botanikfoto/Steffen Hauser: 51, 52 o., 65; Colourbox.de: 62, 88; Flora Press/Lena Möhler: 30; Gordana Sermek/Shutterstock.com: 70; Hecker, Frank: 23, 26 o., 26 m., 26 u., 28 2.v.u., 28 u., 29 m., 41, 46, 47, 49, 50 l., 50 r., 55, 61, 64 o., 72, 73, 77, 78, 80, 81, 83, 89, 91, 95, 115; HL-Photo/Shutterstock.com: 76; imago/Reinhard Kurzendörfer: 27 o.; Jojoo64/Shutterstock.com: 86; kuvona/Shutterstock.com: 74; Lilyana Vynogradova/Shutterstock.com: 117; mangojuicy/Shutterstock.com: 7; Mark Heighes/Shutterstock.com: 12; nada54/Shutterstock.com: 100/101; schmaelterphoto/Shutterstock.com: 60; mauritius images: 8, 16, 18, 19, 20/21, 27 2. v. u., 27 u., 28 o., 28 2.v.o., 29 o., 29 u., 31, 34, 35, 39, 42, 54, 58, 59, 66 o., 69, 75, 82 r., 84, 85, 94, 96, 98 l., 103, 104, 107, 118/119; movit/Shutterstock.com: 4; Ondrej83/ Shutterstock.com: 87; petratrollgrafik/ Shutterstock.com: 105; sarsmis/Shutterstock.com: 48; Schneider, Christine: 14, 38, 40, 82 l.; Spohn, Roland: 92, 93; Stockfood/ Eising Studio – Food Photo & Video: 116; Stockfood/Newedel, Karl: 114; Stockfood/ Strauß, Friedrich: 109, 110; Stockfood/ Winkelmann Bernhard: 113; Vetter, Ina: 32, 53, 56, 64 u., 90; Volk, Fridhelm: 9; Zoonar/ Alfred Schauhuber: 68; Zoonar/Chi: 102; Zoonar/fmf: 36, 37; Zoonar/Heike Rau: 66 u.; Zoonar/Heinz-Dieter Falkenstein: 27 2.v.o.; Zoonar/Helma Spona: 67; Zoonar/ Himmelhuber: 97, 98 r., 99; Zoonar/ Joerg Hemmer: 25; Zoonar/moro P: 43; Zoonar/Naturfoto-Online Stefan Ernst: 45; Zoonar/O. Diez: 63; Zoonar/Tini: 57

Heilkräuter
Aamon – fotolia.com: 131 m.r.; Alekcey/ Shutterstock.com: 229; anmo/Shutterstock.com: 131 o. l.; ASchindl/Shutterstock.com: 143; Beiser, Rudi: 130 o.r., 150, 158 u., 166 u., 176, 178, 194, 217, 230 o., 238; Bellmann, Heiko/Frank Hecker: 173; benik.at/ Shutterstock.com: 122; botanikfoto/Steffen Hauser: 161, 199; Christian Jung/Shutterstock.com: 233; christo mitkov christov/ Shutterstock.com: 227; Claudio Divizia/ Shutterstock.com: 129 o.; Colourbox.de, 131 m. r., 174; D.Kucharski K.Kucharska/ Shutterstock.com: 131 o. r.; Hecker, Frank: 129 u. , 130 o.l., 130 u.r., 134/135, 142 u., 144, 146, 148, 152, 153, 154 l., 154 r., 155, 157, 159, 160, 162, 167, 171, 180, 184, 185, 193, 198, 201, 204, 206, 234; hjochen/Shutterstock.com: 186; Ingrid Maasik/Shutterstock.com: 175; Irina Borsuchenko/Shutterstock.com: 209; jeka84/Shutterstock.com: 207; kanusommer/Shutterstock.com: 226; Kersti Lindstrom/Shutterstock.com: 121; kvlade_art/Shuttertock.com: 118/119; Layland Masuda/Shutterstock.com: 219; Magdalena Kucova/Shutterstock.com: 212; Manfred Ruckszio/Shutterstock.com: 210; mauritius images: 131 u.l., 120, 149, 151, 156 o., 163, 164, 165, 168, 169, 180, 187, 188, 189, 191, 192, 196, 197, 208, 220, 231, 236, 237, 238/239; Menno Schaefer/Shutterstock.com: 225; Möhrle, Bigi: 127, 137, 138, 170, 222; neil hardwick/Shutterstock.com: 131 u. r.; Photodigitaal.nl/Shutterstock.com: 118/119; photolike/Shutterstock.com: 230 u.; Redeleit, Wolfgang: 166; Schneider, Christine: 130

u.l., 140, 240; Snowbelle/Shutterstock.com: 142 o.; Stockfood/Ottmar Diez: 228; ultimathule/Shutterstock.com: 215; unpict/Shutterstock.com: 205; vaivrga/Shutterstock.com: 202; Vetter, Ina: 131 m.l.; Zoonar/Alfred Schauhuber: 133; Zoonar/Hans Pfleger: 123; Zoonar/Himmelhuber: 177, 179; Zoonar/Jörg Hemmer: 147; Zoonar/kaarsten: 203; Zoonar/Lothar Hinz: 145, 172, 183, 190; Zoonar/MaggiW: 158 o.; Zoonar/Manfred Ruckszio: 200; Zoonar/Nailia Schwarz: 195; Zoonar/Walter J. Pilsak: 182

Beeren

Agrarfoto.com: 289; Chamille White/Shutterstock.com: 248/249; Ulada/Shutterstock.com: 240/241, 260, 300; dabjola/Shutterstock.com: 255; Anna Shepulova/Shutterstock.com: 284; Friederike Take/botanikfoto: 291; Hecker, Frank: 255u., 256o., 256u., 257 2.v.u., 257u., 258o., 258 2.v.o., 258u., 259m., 261, 267, 269, 271, 273, 274, 275, 276, 277, 279, 282, 283, 288, 292, 294, 295, 298, 301, 302; Hecker/blickwinkel/K. Wothe: 258 2.v.u.; Hecker/blickwinkel/Wagner: 264; Igor Norman/Shutterstock.com: 244; Malvan_Iuliia/Shutterstock.com: 245, 251, 253, 259u., 262, 265, 285, 287, 293, 296, 297, 306, 315, 321; mauritius images: 315; Natalia Klenova/Shutterstock.com: 311; Robyn Mackenzie/Shutterstock.com: 323; sarsmis/Shutterstock.com: 272; Sauer, F./Frank Hecker: 256m., 278; Shulevskyy Volodymyr/Shutterstock.com: 247; Skumer/Shutterstock.com: 304/305; Spohn, Roland: 257o., 257 2.v.o., 259o.; StockFood/Cazals, Jean: 266; stockfood/Polatynska, Beata: 313; stockfood/Sporrer/Skowronek: 317; stockfood/Strauss, Friedrich: 308; Tatiana Volgutova/Shutterstock.com: 243; ultimathule/Shutterstock.com: 246; Zoonar/Himmelhuber: 254, 303; Zoonar/LianeM: 281(280), 299; Zoonar/Walter J. Pilsak: 290

Pilze und Serviceteil

Arco Images/O. Diez: 350; Arco Images/NLP/Laurie Campbell: 384; Bildagentur Waldhäusl/IB/Olivier Digoit: 417; Blickwinkel.de/J. Fieber: 361; Blickwinkel.de/C. Stenner: 347; Coffee Lover/Shutterstock.com: 362; Flubacher, Helmuth: Zeichnungen 356, 357; FotoNatur/Holger Duty: 375; Grünert, Helmut: 366(2), 370(2), 374(2), 376(2), 386, 388, 392, 394(2), 397, 396(2), 398(2), 400, 402(2), 404, 406, 410, 416, 418(2), 422; Hans-Roland Müller/Botanikfoto: 347(2); Hecker, Frank: 339, 341, 343(3), 344, 342, 346, 347, 351, 361, 365, 369, 373, 384, 391, 409, 412, 421, 420, 423; Laux, Hans E.: 342(3), 343, 346, 349, 358, 364, 368, 372, 378, 382, 384, 386, 398(2), 407, 408(2), 410(2), 412, 414(2); Markus Mainka/Shutterstock.com: 352; Mauritius Images: 437, 445; Mikhail Shiyano/Shutterstock.com: 332; Miroslav Hlavko/Shutterstock.com: 442; mr_coffee/Shuttertock.com: 447; Naturfoto.cz/Jiri Bohdal: 380; Naturfoto.cz/Jonathan Maly: 329, 331, 364, 367, 371, 377, 381, 382, 383, 401, 403, 405; Naturfoto-cz/Milos Andera: 343(1); Pforr: 343(2); Rotholl Fotoagentur/Rotheneder: 385, 393, 399, 413; Rossa di sera/Shutterstock.com: 427; Sarsmis/Shutterstock.com: 424; Schneider, Christine: 449; Schuster, Gerhard: 326, 336, 340, 345, 419; Stockfood/Imri, Tim: 436; Stockfood/Michael von Paul: 424; Stockfood/Chris Alack: 440; Stockfood/Frank von Croes: 438; Tatiana Vorona/Shutterstock.com: 432; Valerio Pardi/Shutterstock.com: 430; Zoonar/Alexander Limbach: 395; Zoonar/Chi Casting: 387; Zoonar/Günter Slabihoud: 390; Zoonar/Himmelhuber: 347(2); Zoonar/igreen, Jonathan Fieber: 411; Zoonar/Juergen Kosten: 347; Zoonar/Karl Heinz Rangs: 415; Zoonar/mirabell: 389; Zoonar/S.Schnepf: 379

Die Autoren

Christine Schneider schrieb die Blitzkurse über Wildkräuter, Beeren und – in Zusammenarbeit mit Maurice Gliem – Pilze. Sie ist Diplom-Biologin mit Schwerpunkt Botanik, Naturpädagogin und Lektorin für Naturführer, Ratgeber und digitales Lernen.

Rudi Beiser verfasste den Blitzkurs über Heilpflanzen. Er beschäftigt sich seit über 40 Jahren mit Kräutern und Heilpflanzen. Regelmäßig gibt er Seminare zu Kräuteranbau, Wildkräuterküche und Pflanzenheilkunde, unter anderem auch in der renommierten Freiburger Heilpflanzenschule.

Maurice Gliem wirkte am Blitzkurs über Pilze mit. Er beschäftigte sich seit seiner Kindheit leidenschaftlich mit dem Sammeln und Verwerten von Pilzen und war Mitglied der Mykologischen Gesellschaft.

Dank

Infos und Rezepte und zum Indischen Springkraut und zum Japanischen Knöterich steuerte Peter Becker bei (www.newtritionink.de). Vielen Dank!

Haftungsausschluss
Die in diesem Buch enthaltenen Empfehlungen und Angaben sind von den Autoren mit größter Sorgfalt zusammengestellt und geprüft worden. Eine Garantie für die Richtigkeit der Angaben kann aber nicht gegeben werden. Autoren und Verlag übernehmen keinerlei Haftung für Schäden und Unfälle. Der Verlag Eugen Ulmer ist nicht verantwortlich für die Inhalte der im Buch angegebenen Internet-Sites.

Bibliografische Information der Deutschen Nationalbibliothek
Die Deutsche Nationalbibliothek verzeichnet diese Publikation in der Deutschen Nationalbibliografie; detaillierte bibliografische Daten sind im Internet über http://dnb.d-nb.de abrufbar.

Wollgrasweg 41, 70599 Stuttgart (Hohenheim)
E-Mail: info@ulmer.de
Internet: www.ulmer.de
Lektorat: Ina Vetter
Umschlagentwurf: Katja von Ruville, Frankfurt a. M.
Satz: r&p digitale medien, Echterdingen
Druck und Bindung: Livonia Print, Riga
Printed in Latvia

ISBN 978-3-8186-1665-6

Hier können Sie weiterlesen:

Steinbachs großer Pflanzenführer.

Blumen, Sträucher, Bäume. Bruno P. Kremer. 4. Auflage 2016. 576 S., 1300 Farbfotos, 975 farbige Zeichnungen, geb. ISBN 978-3-8001-8439-2.

Erkennen Sie über 850 Blumen, Sträucher und Bäume leicht und sicher. Hier finden Sie die wichtigsten Arten der heimischen Pflanzenwelt, aus Wald, Feld und Blumenwiese, dazu viele Bäume und Büsche aus Park und Garten. Mit rund 1300 Fotos und 975 farbigen Zeichnungen sowie interessanten Infos zu jeder Art lernen Sie die Pflanzen rundum kennen.

Der Pilzkurs im Hosentaschenformat!

Wildsamen sind Kraftpakete.

Essbare Wildsamen.
Finden, sammeln,
vielseitig genießen.
Anke Höller, Doris Grappendorf.
2019. 144 S., 100 Farbfotos,
Klappenbroschur.
ISBN 978-3-8186-0648-0.

Die Samen vieler unserer essbaren Wildpflanzen sind besonders schmackhaft und voller Vitalstoffe – es sind wahre Powerpakete! Sie können Wildsamen vielseitig nutzen: als wertvolle Nahrungsergänzung, als Speisenzugabe, zum Würzen, für die Senfherstellung, für Mehl und Kaffee, für Speiseöl und Keimlinge. Mit 44 Porträts von Pflanzen, die uns ihre Wildsamen schenken, inklusive Standort, Reifezeit, Ernte und Verwendung. Besonders ideenreich und fein sind die über 50 Rezepte: süß und salzig, einfach und raffiniert, gesund und richtig lecker.

Schätze am Wegrand.

Ernte am Wegrand.
Wildkräuter, Früchte und Beeren. Christine Recht.
6. Auflage 2017. 128 S., 62 Farbfotos, 13 farbige Zeichnungen, kart.
ISBN 978-3-8186-0009-9.

Heimische Wildkräuter sind reich an wertvollen Inhaltsstoffen und vielfältig in Ihrem Einsatzgebiet in der Küche und als Heilmittel. In diesem Buch zeigen wir Ihnen, wie es geht: Wo Sie essbare Wildpflanzen finden und wie Sie sicher essbare Wildkräuter bestimmen und erkennen können. Außerdem erfahren Sie einfache Rezepte für die besten Wildkräuter-Gerichte und wie Sie die Wild- als Heilkräuter einsetzen können.